中国绿色治理体系研究

施 瑾◎著

中国出版集团
中国民主法制出版社

全国百佳图书
出版单位

图书在版编目（CIP）数据

中国绿色治理体系研究 / 施瑾著 . —北京：中国民主法制出版社，2023.5

ISBN 978-7-5162-3204-0

Ⅰ . ①中⋯　Ⅱ . ①施⋯　Ⅲ . ①环境综合整治 – 研究 – 中国　Ⅳ . ① X321.2

中国版本图书馆 CIP 数据核字（2023）第 066163 号

图书出品人：刘海涛
出 版 统 筹：石　松
责 任 编 辑：刘险涛

书　　名 / 中国绿色治理体系研究
作　　者 / 施　瑾　著

出版·发行 / 中国民主法制出版社
地址 / 北京市丰台区右安门外玉林里 7 号（100069）
电话 /（010）63055259（总编室）　63058068　63057714（营销中心）
传真 /（010）63055259
http: // www.npcpub.com
E-mail: mzfz@npcpub.com
经销 / 新华书店
开本 / 16 开　710 毫米 ×1000 毫米
印张 / 10.75　**字数** / 200 千字
版本 / 2023 年 5 月第 1 版　2023 年 5 月第 1 次印刷
印刷 / 廊坊市源鹏印务有限公司

书号 / ISBN 978-7-5162-3204-0
定价 / 68.00 元

前　言

　　绿色治理是生态治理的形象化表达，是国家治理现代化的主要维度，也是习近平生态文明思想的重要内容，更是习近平生态文明思想实现的主要方式。现代国家生态治理是国家治理体系和治理能力现代化在生态文明建设领域的具体体现，既包括国家生态治理体系现代化，也包括国家生态治理能力现代化。

　　绿色治理体系是国家在推进生态文明建设过程中所制定的制度体系，是提升国家生态治理能力的基础和前提，是新时代推进生态文明建设、实现美丽中国目标的重要抓手，对其进行改革完善具有重要的理论与现实意义。十九届四中全会通过的《中共中央关于坚持和完善中国特色社会主义制度推进国家治理体系和治理能力现代化若干重大问题的决定》对生态治理现代化做出了战略部署，要求"坚持和完善生态文明制度体系，促进人与自然和谐共生"。因此，新时代生态治理现代化主要内容就是构建以制度为主要形式的绿色治理体系。

　　本研究以党和国家生态治理相关重要文件为基础，着重探讨和分析了新时代绿色治理的领导体系、制度体系、行政体系和行动体系。绿色治理的领导体系主要阐释的是中国共产党的绿色治理体系，是新时代绿色治理体系的核心引领，包括治理机制设计、治理体系创新、治理力度加强以及治理水平提升等方面。绿色治理制度体系主要探讨的是党和国家在生态治理领域相关的重要制度安排，主要分析梳理了由管物制度、管事制度和管人制度所构成的制度体系。绿色治理行政体系主要关注的是政府对党和国家生态治理制度的执行体系，坚持历史和现实相结合，重点关注了国家绿色治理行政体系的总体设计、新时代绿色治理行政结构改革以及新时代绿色治理的重大创新——环保督察体系等三个方面。绿色治理的行动体系旨在构建党委、政府、市场和社会"四位一体"的多中心协同治理体系，结合"十四五"国家生态治理的重要议题，凝练了四类主体在新时代绿色治理协同行动体系中的职责，力争实现"动员各方力量，群策群力，群防群治，一个战役一个战役打，打一场污染防治攻坚的人民战争"。

目　录

第一章　国家治理的绿色课题

第二章　绿色治理的基本原则

第三章　绿色治理的领导体系

第四章　绿色治理的制度体系

第五章　绿色治理的行政体系

第六章　绿色治理的行动体系

第一章

国家治理的绿色课题

习近平总书记在十九大报告中指出，要在推进国家治理体系和治理能力现代化进程中，加快生态文明体制改革，构建以"党委领导、政府主导、企业主体、公众参与"为基本格局的环境治理体系。①现代国家生态治理成了习近平生态文明思想的重要内容，也是习近平生态文明思想实现的主要方式。现代国家生态治理是国家治理体系和治理能力现代化在生态文明建设领域的具体体现，既包括以体制机制、法律法规安排等为主的国家制度建设的国家生态治理体系现代化，也包括以党、政府、市场、社会等为主体的国家生态治理能力现代化，两者是一个有机整体，相辅相成，国家生态治理体系是提升国家生态治理能力的基础，唯有国家生态治理能力的现代化方能充分发挥国家生态治理体系的治理效能。

一、国家治理的生态构成

新时代国家治理包括国家治理体系和治理能力两方面，是一个国家制度和制度执行能力的集中体现。国家治理体系是在党领导下管理国家的制度体系，包括经济、政治、文化、社会、生态文明和党的建设等各领域体制机制、法律法规安排，也就是一整套紧密相连、相互协调的国家制度；国家治理能力则是运用国家

①习近平. 推动我国生态文明建设迈上新台阶 [J]. 求是，2019（3）：4-19.

制度管理社会各方面事务的能力，包括改革发展稳定、内政外交国防、治党治国治军等各个方面。国家治理体系和治理能力是一个有机整体，相辅相成，有了好的国家治理体系才能提高治理能力，提高国家治理能力才能充分发挥国家治理体系的效能①。在党的十八届三中全会上，推进国家治理体系和治理能力现代化被确立为是全面深化改革的总目标，主要内容包括加快发展社会主义市场经济、民主政治、先进文化、和谐社会、生态文明②。由此可见，生态文明既是新时代现代国家治理的主要内容，也是现代国家治理所要实现的主要目标。

（一）思想指引

党的十九届四中全会指出，中国共产党自成立以来，团结带领人民赢得了中国革命胜利，建立和完善社会主义制度，并形成和发展党的领导和经济、政治、文化、社会、生态文明、军事、外事等各方面制度，加强和完善国家治理，取得历史性成就的根本所在是坚持把马克思主义基本原理同中国具体实际相结合。③马克思主义基本原理是新时代现代国家治理的理论根基与指导思想。国家治理生态构成的首要依据就是马克思主义基本原理，尤其是马克思主义生态文明思想。

马克思主义生态思想是人们在深入探讨环境问题的本质和规律基础上形成的关于生态问题的理论化和系统化的认识，有助于指导人们自觉协调人与自然环境关系、建设环境友好型社会。马克思恩格斯并没有专门对生态文明建设问题进行专门的论述，马克思恩格斯的生态文明思想散见于马克思的自然观、劳动观、历史观以及社会有机体思想等思想领域，散见于《1844 年经济学哲学手稿》《德意志意识形态》《资本论》《哥达纲领批判》《政治经济学批判大纲》《论住宅问题》《英国工人阶级状况》《神圣家族》《自然辩证法》《反杜林论》等作品中。

生态文明作为国家治理的主要构成是唯物史观的生态文明理论的必然结果。首先，马克思指出人类社会是一个具有特定结构、功能、发展规律的有机开放系统，是活动和发展着的社会有机体，要对人类社会进行系统的把握，反对孤立地、片面地、静止地和机械地看人类社会。社会是一切关系在其中同时存在而又相互依存的社会机体，人类社会是由经济结构、政治结构和文化结构相互联系相互作

---

①习近平.切实把思想统一到党的十八届三中全会精神上来 [J]. 求是，2014（1）.

②习近平谈治国理政（第一卷）[M]. 北京：外文出版社，2018：91.

③中共中央关于坚持和完善中国特色社会主义制度推进国家治理体系和治理能力现代化若干重大问题的决定 [N]. 人民日报，2019-11-06(001).

用的一个有机整体。社会不是坚实的结晶体，而是一个能够变化且经常处于变化过程中的有机体。其次，马克思指出人与自然是辩证统一的整体。人是自然界不断发展进化的产物，自然界是人类赖以生存和发展的物质基础。马克思认为，人与自然是一种辩证的关系，即人类社会是自然的产物，同时反作用于自然界，把生态问题看作是自然和社会两方面互动的消极结果。因此，人类是在自然界中孕育的，自然是人类的产生和发展必不可少的互动主体。再次，马克思指出实现"人—自然—社会"三者的和解是消除异化以及人与自然关系的最终指向。人和自然的关系总是受劳动的社会性质制约的。在资本主义条件下，"异化劳动"不仅造成了人的异化，而且造成了自然异化；不仅造成了人与人（社会）关系的异化，而且造成了人与自然关系的异化（生态异化）。自然异化和生态异化就构成了生态危机。这是资本主义总体危机的重要构成方面。人与人的和解、人与社会的和解是人与自然和解的前提，人与自然的和解是人与人、人与社会和解的客观基础。①换言之，共产主义不仅仅是实现人和人、人与社会的和解，实现人的解放和社会的解放，还要实现人、社会与自然界的和解。人和自然的关系的最终解决依赖于共产主义的历史进程。②在马克思的叙述语境中，生态文明并没有明确作为社会有机体的一个子系统，这是很自然的，也是完全可以理解的。因为当时资本主义的发展处于自由竞争的阶段，人类可能面临的生态危机几乎还完全处于被遮蔽的状态，但是并不可由此就否认马克思生态文明思想的指导意义和方法论价值。从马克思的人与自然和谐发展的思想、社会有机体理论以及异化理论等原理出发，与时代发展和国情特征相结合，中国共产党人按照人们社会交往活动的领域和社会交往的价值目标不同，将社会主义初级阶段的社会有机体划分为经济领域、政治领域、文化领域、社会领域以及生态领域五个部分，而且强调把生态文明建设融入经济建设、政治建设、文化建设、社会建设各方面和全过程。因此可见，将生态纳入现代国家治理的总体格局中是马克思主义指导思想内在的要求。

（二）发展自觉

十八大报告中指出中国特色社会主义道路，就是在中国共产党领导下，立足基本国情，以经济建设为中心，坚持四项基本原则，坚持改革开放，解放和发展社会生产力，建设社会主义市场经济、社会主义民主政治、社会主义先进文化、

---

① 郭永园. 协同发展视域下的中国生态文明建设研究 [D]. 湖南大学，2015.
② 张云飞. 唯物史观视野中的生态文明 [M]. 北京：中国人民大学出版社，2014：107.

社会主义和谐社会、社会主义生态文明，促进人的全面发展，逐步实现全体人民共同富裕，建设富强民主文明和谐的社会主义现代化国家。中国特色社会主义的总布局首次被明确为是经济建设、政治建设、文化建设、社会建设、生态文明建设的"五位一体"，标志着执政党赋予了中国特色社会主义道路新的内涵。党的十九大报告中指出，建设生态文明是中华民族永续发展的千年大计，并强调新时代中国特色社会主义建设要统筹推进"五位一体"总体布局。生态文明成为社会主义建设的总体布局，成为现代国家治理的重要议题。我们党对建设什么样的社会主义、怎样建设社会主义的思考和探索的一种自觉体现，标志着我们党治国理政进入了新境界。

1978 年，党的十一届三中全会作出改革开放的重大决策，党和国家工作重心转移到经济建设上来，经济发展在短时间内就获得了全面的发展，社会经济呈现出良好的发展态势。但是同时一些之前被消灭、被遏制、被拒斥的社会问题日渐增多，并开始影响社会主义经济建设的大好局面。1980 年 12 月，邓小平同志在中央工作会议上指出，"我们要建设的社会主义国家，不但要有高度的物质文明，而且要有高度的精神文明"。[①]此后，邓小平同志多次强调，要一手抓改革开放，一手抓惩治腐败；一手抓建设，一手抓法制；一手抓物质文明，一手抓精神文明，做到两手抓、两手都要硬。坚持"两手抓、两手都要硬"，成为我们党推进改革开放和社会主义现代化建设的一个根本方针。

1982 年 9 月召开的党的十二大强调，社会主义的物质文明和精神文明建设，都要靠继续发展社会主义民主来保证和支持。建设高度的社会主义民主，是我们的根本目标和根本任务之一。中国特色社会主义建设布局为社会主义物质文明、精神文明和社会主义民主"三位一体"格局初现。1986 年 9 月举行的党的十二届六中全会第一次明确提出社会主义的总体布局。全会通过的《关于社会主义精神文明建设指导方针的决议》第一次明确提出："以经济建设为中心，坚定不移地进行经济体制改革，坚定不移地进行政治体制改革，坚定不移地加强精神文明建设。"党的十三届四中全会之后，我们党明确提出了党在社会主义初级阶段的基本纲领，对建设中国特色社会主义经济、政治、文化作了新的系统性阐述，形成了经济建设、政治建设、文化建设"三位一体"总体布局。

---

①中共中央文献研究室编.毛泽东、邓小平、江泽民论科学发展 [M]. 北京：中央文献出版社，2008：44.

2002 年 11 月召开的党的十六大明确提出"四位一体"的社会主义总体布局：要按照中国特色社会主义事业总体布局，全面推进经济建设、政治建设、文化建设、社会建设，促进现代化建设各个环节、各个方面相协调，促进生产关系与生产力、上层建筑与经济基础相协调。坚持生产发展、生活富裕、生态良好的文明发展道路，建设资源节约型、环境友好型社会，实现速度和结构质量效益相统一、经济发展与人口资源环境相协调，使人民在良好生态环境中生产生活，实现经济社会永续发展。[①]

党的十七大提出了生态文明的理念和建设生态文明的目标：建设生态文明，基本形成节约能源资源和保护生态环境的产业结构、增长方式、消费模式。循环经济形成较大规模，可再生能源比重显著上升。主要污染物排放得到有效控制，生态环境质量明显改善。生态文明观念在全社会牢固树立。在此基础上，党的十八大将生态文明建设纳入中国特色社会主义事业总体布局，正式形成了经济建设、政治建设、文化建设、社会建设、生态文明建设"五位一体"总体布局。

从"两手抓两手都要硬""三位一体""四位一体"到"五位一体"，党深切地认识到生态文明建设对中国特色社会主义建设的重要性，认识到社会主义市场经济、社会主义民主政治、社会主义先进文化、社会主义和谐社会、社会主义生态文明的发展是相互联系、相互协调、相互促进、相辅相成的，坚持经济建设是根本，政治建设是保障，文化建设是灵魂，社会建设是条件，生态文明建设是基础，五大文明建设要统筹兼顾、全面推进。这是我们党在领导人民在社会主义建设中不断深化对共产党执政规律、社会主义建设规律、人类社会发展规律认识的结果，是党治国理政的一种自觉体现。

（三）国际潮流

马克思和恩格斯在《共产党宣言》中对资本主义生产力的先进性曾大加赞扬：自然力的征服，机器的采用，化学在工业和农业中的应用，轮船的行驶，铁路的通行，电报的使用，整个大陆的开垦，河川的通航，仿佛用法术从地下呼唤出来的大量人口——过去哪一个世纪能料想到在社会劳动里蕴藏有这样的生产力呢？[②]恰恰由于资本主义生产力的巨大先进性，社会市场远远超了自然环境的自净能力、恢复能力，生态系统的负载被大大增加，原本在农业社会仅仅是局部的、

---

① 胡锦涛文选 . 第二卷 [M]. 北京：人民出版社，2016：624.

② 马克思恩格斯文集（第二卷）[M]. 北京：人民出版社，2009：36.

小规模的生态问题开始演化为大规模，甚至是世界性的环境问题。

以"世界八大环境公害"为代表的生态危机促使世界各国开始重视环境保护，纷纷出台了环境治理的法律法规，成立了专门性的政府机构。为保护和改善环境，1972 年 6 月 5—16 日在瑞典首都斯德哥尔摩召开的有各国政府代表团及政府首脑、联合国机构和国际组织代表参加的讨论当代环境问题的第一次国际会议。会议通过了《联合国人类环境会议宣言》，呼吁各国政府和人民为维护和改善人类环境，造福全体人民，造福后代而共同努力。为引导和鼓励全世界人民保护和改善人类环境，《人类环境宣言》提出和总结了七个共同观点，二十六共同原则，它开创了人类社会环境保护事业的新纪元，这是人类环境保护史上的第一座里程碑。1987 年，世界环境与发展委员会出版《我们共同的未来》报告，将可持续发展定义为："既能满足当代人的需要，又不对后代人满足其需要的能力构成危害的发展。"[①]1992 年 6 月，联合国在里约热内卢召开的"环境与发展大会"，通过了以可持续发展为核心的《里约环境与发展宣言》《21 世纪议程》等文件。至此，可持续发展成了世界主要国家的发展共识，世界各国逐步认识到了环境保护的重要性，在现代国家治理中不断增强环境治理的比重，增加环保立法数量，试图实现环境保护和经济增长的共赢。由此可见，将生态治理作为国家治理的重要部分是顺应世界环境大潮所为。

二、绿色治理的现实困境

以现代国家治理为基准，以生态善治为目标，现代国家绿色治理应当是由完整的价值观、综合性的生态文明建设制度体系和有序运行的生态资源开发所构成。价值观是制度体系的指导理念，而制度体系直接决定了人们的行为方式，对生态系统的运行起到决定性的影响。绿色治理以此衡量，存在以下三方面问题，即价值理念的时代性脱节、制度机制的系统性欠佳以及生态系统的整体性失衡。

（一）理念滞后

生态价值观是生态价值的整体性认识，由生态维系价值、经济价值和审美价值等内容构成，既包括生态系统对人类社会的价值，也包括生态系统维系自我发展的价值，但目前生态价值存在与整体性要求相背离的情形。首先，生态价值被分割为互相对立的两部分，即生态对人的价值与生态系统自身的价值。其次，以

---

①世界环境与发展委员会编著.我们共同的未来[M].长沙：湖南教育出版社，2009.

经济价值代替生态系统其他的价值，用经济指标来衡量生态价值。

其一，人与自然对立的价值观。西方国家工业化时期秉持这样的价值理念，且从发生学的角度考量"主客二分"无疑是西方启蒙思想的主要内容。这种思想演变为人类中心主义的价值观，把人类的利益作为价值原点和道德评价的依据，只有人类才是价值判断的主体。人类中心主义在人与自然的价值关系中，认为只有拥有意识的人类才是主体，自然是客体。价值评价的尺度必须始终掌握在人类的手中，"价值"都是指"对于人的意义"。在人与自然的伦理关系中，人类中心主义坚持"人是目的"的思想，人类的一切活动都是为了满足自己的生存和发展的需要，如果不能达到这一目的的活动就是没有任何意义的，因此一切应当以人类的利益为出发点和归宿。在人类中心主义的视野中，自然被当作是资本主义生产和再生产源源不断的资料来源，其后又把"没有价值、不受欢迎"的生产副产品回放到自然界。在资本主义社会，自然是资本的出发点，但不是归宿，只是服务于资本积累。自然只有服务于人类发展的价值，自然成为"受价值规律和资本积累过程支配的自然"，"资本积累依赖自然财富而得以维持，环境蜕变为索取资源的水龙头和倾倒废料的下水道"。①

马克思对资本主义的批判主要集中于政治经济学的批判，论述了资本主义生产方式对自然产生的影响，但"低估了作为一种生产方式的资本主义的历史发展所带来的资源枯竭以及自然界的退化的厉害程度"。时代背景决定了马克思不可能从生态学的视角去对资本主义进行评判，只是在哲学思想中从应然的层面把自然置于了一个较高的地位，而并没有把人类社会与生态系统的价值关系问题予以直接全面的回答。

马克思主义生态思想的这一空场无论是在苏联还是在中国当时都没有予以较高的关注，没有厘清人与自然的价值关系问题。由于我国社会主义建设是以工业化为中心的现代化，"发展才是硬道理"成了最高的价值准则，实现经济的增长成为整个社会的利益追求，形成了一种不惜一切代价进行工业化的狂热的现代化价值理念。在很长一段时间内，我国社会主义建设受制于传统政治经济学的劳动价值论，坚持商品的价值是凝结在商品中的无差别的人类劳动的观点，忽视了生态资源对产品的价值贡献，导致自然资源的滥开滥用，自然也沦为工业化的"水龙头"和"污水池"。

---

①郭永园.协同发展视域下的中国生态文明建设研究 [D].湖南大学，2015.

党和国家在社会主义建设中逐步认识到了生态价值的整体性。科学发展观提出了发展要注意统筹人与自然的关系，标志着我们党在发展问题上进步和成熟，开始引领整个社会价值观念的转变。绿色 GDP 的推行可以视为这个转变的重要体现。

国民经济核算体系主要还是以国内生产总值 GDP 或者国民生产总值 GNP 来作为主要指标，这两个指标都是只重视经济数量的增长而忽视经济增长所付出资源环境代价。为了弥补 GDP 核算经济发展的局限，在 2004 年国家环保总局（现环保部）和国家统计局就开始推行绿色 GDP 核算工作。绿色 GDP 是指一个国家或地区在考虑了自然资源（主要包括土地、森林、矿产、水和海洋）与环境因素（包括生态环境、自然环境、人文环境等）影响之后经济活动的最终成果，即将经济活动中所付出的环境资源成本和对环境资源的保护服务费用从 GDP 中予以扣除。

其二，生态价值被单一化为生态经济价值。以经济增长为最高追求的社会，不仅难以在整体上对生态与人类社会的价值关系予以正确把握，而且在对生态系统的价值构成的认识上也难以保持整体性，只见生态系统的经济价值并且用经济指标来表征生态系统的价值，把生态所具有的文化价值、审美价值、生态价值等非经济价值隐蔽或者割裂。生态系统仅仅具有为经济发展提供资源等原材料的工具性价值，仅仅是经济利益的"储存地"。这种对生态系统价值构成的片面性认识根源于对生态与人类社会价值的整体把握不清，宏观的片面性导致了微观的片面性。

市场经济的一个重要特征就是用价格作为价值的衡量标准。市场经济在生态系统的价值认识上就体现为根据资源的有用性和稀缺性用交易价格体现资源的价值，即生态的价值必须要在交易市场之中才能够得以体现。目前在自然资源价值计量的方法大体可以归纳为直接市场法。

从认识论的角度看，生态价值认识存在的问题是工具理性（Instrument reason）在生态领域的具体化。工具理性与人文理性相对应，认为客观存在的事物价值只是在于能够实现经济增长，是实现经济增长的工具而已。在这种价值理性的驱使之下，人类社会只会去追求事物的商业价值，将生态仅仅作为满足人类需求的对象，而忽视其人文艺术价值以及其本身的价值。

生态系统对于人类社会而言不仅具有经济价值，而且还具有审美价值、历史文化价值、生命支撑价值等。不仅具有外在的对人类社会的价值，还具有自身的发展的价值。奥康纳认为，生态不仅是人类社会发展中消极和被动的存在，还具有自身所特有的价值规律，即"自然界之本真的自主运作性"和"自然的终极目的性"。自然界之本真的自主运作性是指人类在通过自身的劳动改造自然界的同时，自然界也在改变和建构自己。自然的终极目的性是指自然界本身的存在就是它自身的最终目的，这一目的具有无条件的至上性。①

湿地有净化污水、控制污染方面的功能；被称为"生物超市"和"物种基因库"，是多种生物的栖息地。联合国环境署研究认为，1 公顷湿地生态系统每年创造的价值高达 1.4 万美元，是热带雨林的 7 倍，是农田生态系统的 160 倍。国际权威自然资源保护组织——瑞士拉姆沙研究会研究测算，全球生态系统的价值是每年 33 万亿美元，其中湿地生态系统占 45%。而对湿地如此的重视来源于人类付出的惨痛代价之后。

（二）决策分离

绿色治理是一项综合性系统工程，首先就是要实现经济和生态的协同发展。但目前还存在着生态与经济社会发展决策的分离，生态文明建设与其他文明建设被割裂，进而导致了严重的生态灾难和危机。生态文明建设是一个综合性系统，生态问题的发生与经济、政治、社会和文化等社会活动有着直接的关系。除去自然灾害，生态危机的产生就是由人类社会发展所导致，其中政府决策不当甚至失误是环境污染最为直接的作用力，而究其根源就在于发展政策的制定、发展计划的形成以及重大行动的拟议过程中对生态系统的关照不够。因此，在源头上将生态文明建设的理念、原则融入和统领到经济社会发展的相关决策中就成为生态文明建设制度设计的应有之义，即实现生态与发展的综合决策。

联合国《21 世纪议程》就提出"将环境与发展问题纳入决策进程"（Integration of Environment and Developmentin Decisionmaking），《中国 21 世纪议程》也提出要"改革体制建立有利于可持续发展的综合决策机制"。实现生态与发展综合决策就是实现人口、资源、环境与经济协调、持续发展这一基本原则在决策层次上的具体化和制度化。通过对各级政府和有关部门及其领导的决策内容、程序和方式提出具有法律约束力的明确要求，可以确保在决策的源头（即拟订阶段）将生态文明建设的各项要求纳入到有关的发展政策、规划和计划中去，实现发展与生态发展的一体化，但是在现有的生态文明建设制度规范之中并没有完善的生态与发展综合决策的制度。

1989 年实行的《环境保护法》只在第四条规定，"国家制定的环境保护规划必须纳入国民经济和社会发展计划，国家采取有利于环境保护的经济、技术政

---

① 郭永园.协同发展视域下的中国生态文明建设研究 [D].湖南大学，2015.

策和措施，使环境保护工作同经济建设和社会发展相协调"。但还只是一种理念的宣誓和倡导，属于原则性规范，因而并不具有直接的法律约束力。同时也缺乏相应的具体性、可操作的类似于实施细则性的制度规范予以支持，使得生态与发展综合决策停留在法律原则的理念层面。

环境影响评价制度的不健全是阻碍生态与发展综合决策的实现的一个主要的制度性因素。环境影响评价是进行综合决策的主要参考依据，是生态与发展综合决策的基础性制度。环境影响评价是指对规划和建设项目实施后可能造成的环境影响进行分析、预测和评估，提出预防或者减轻不良环境影响的对策和措施，进行跟踪监测的方法与制度。现行的《环境影响评价法》仅将环境影响评价限定于规划和建设项目，不仅没有涉及对经济社会发展发挥主要决策作用的政策环境评价作出规定，而且将规划的环境评价也限制于"土地利用的有关规划，区域、流域、海域的建设、开发利用规划"，对我国综合规划中地位最高、作用最大的"国民经济和社会发展计划"也没有纳入其中。

"国民经济和社会发展计划"的具体实施部门是国家发展和改革委员会，其在计划编制的过程中主要关注的是经济指标，而对生态指标的考虑十分有限。目前正在进行"十三五"规划的编制工作，虽然党和国家将生态文明建设置于社会主义建设重要组成，统领整个社会建设，但是由于缺乏可操作性的实施细则而难以显示其统领的目标。在规划评价的实际操作中，生态文明建设对综合性规划的重要性要弱于社会稳定。基于现实的需要，政府决策规划中目前会将社会稳定评价作为必需的前置，以避免引起社会冲突。在《环境影响评价法》适用的环境评价中还存在环评机构专业性和独立性缺乏、环评的社会参与度较低、环评信息公开有限等问题。2014 年修订的《环境保护法》在原有的环境影响评价制度基础上，在第十八条、十九条将环境影响评价的范围扩大到了开发利用规划，明确禁止了"未评先建行为"，在一定程度上完善了环境评价制度但是还需要更为具体的操作细则。

（三）分割治理

生态系统是由不同的生态要素组成的，不同的生态要素之间互相联系、相互作用。

传统的中央行政机关中具有生态管理职能部门大致可以分为环保职能部门（环境保护部）、资源管理部门（水利部、国土资源部、国家林业局、国家海洋局等）、综合协调部门（国家发展与改革委员会、财政部、农业部等）等三种类型。环境保护部门负责环境保护与污染防治，而生态资源则分别由水利、国土、林业、大气、海洋等部门管理。这种情形被称为"九龙治水"。此外，还有国家发展与改革委员会负责全国范围内的公共资源统筹、规划与配置。分割治理导致本应整体性的生态文明建设被专业化的官僚机构所割裂，政府的生态管理职能被分割若干部门，使得环境保护职能、生态资源开发与建设职能、生态规划职能分割。

党的十九大之后，为整合分散的生态环境保护职责，统一行使生态和城乡各类污染排放监管与行政执法职责，加强环境污染治理，保障国家生态安全，建设美丽中国，2018 年 3 月根据第十三届全国人民代表大会第一次会议批准的国务院机构改革方案设立了生态环境部。生态环境部整合了环境保护部的职责，国家发展和改革委员会的应对气候变化和减排职责，国土资源部的监督防止地下水污染职责，水利部的编制水功能区划、排污口设置管理、流域水环境保护职责，农业部的监督指导农业面源污染治理职责，国家海洋局的海洋环境保护职责，国务院南水北调工程建设委员会办公室的南水北调工程项目区环境保护职责整合，作为国务院组成部门，实现了从"尴尬部门"变为污染防治"强势"部门的转变，开启我国生态环境保护的新征程。这个改革是党中央实现深化改革总目标的一个重大举措，是体现坚持以人民为中心发展思想的一个具体行动，是推进生态环境领域、生态文明建设领域、治理体系现代化和治理能力现代化的一场深刻变革和巨大进步。但是由于生态环境大部制改革时间较短，大部制职能的有机整合、协同效应发挥尚不明显。

（四）制度缺陷

绿色治理是依赖法律制度的治理，既需要完备翔实的实体性法律规范，更需要科学明晰的程序性规范。但是我国绿色治理法律制度体系沿袭我国法制体系"重实体、轻程序"的传统，导致程序性制度建设滞后。

改革开放以来，先后制定了《民法通则》《物权法》《侵权责任法》《刑法》等基本法律，设置了一系列有关环境保护和资源的法律规定。《民法通则》《物权法》对自然资源的所有权和其他用益物权做出了较为具体的规定，为保护自然资源的财产权和保障自然资源的合理利用制定了基本的法律规范。《刑法》以专章的形式规定了"破坏环境资源保护罪"。自 1979 年出台第一部环境保护法以来，已颁布实施了《环境保护法》《环境影响评价法》《循环经济促进法》等十部环境保护法律，《土地管理法》《森林法》《水法》《草原法》等二十部自然资源管理，三十多部生态环境和资源保护建设的行政法规以及三十多部与可持续发展相关的其他法律和行政法规，数百项各类国家和地方性环境标准。环境保护制度已经形成了一个完整的架构，具体包括三大政策八项制度，即"预防为主，防治结合""谁污染，谁治理""强化环境管理"这三项政策和"环境影响评价""三同时""排污收费""环境保护目标责任""城市环境综合整治定量考核""排污申请登记与许可证""限期治理""集中控制"等八项制度。总体而言，目前初步形成了环境保护和资源开发利用的制度体系，在某些领域也代表世界先进的水平，而且立法速度之快也是世界少见。但是环保法律体系的建立并没有对环境保护工作产生显著的促进作用，这些法律没有得到有效执行，环境污染不断加剧，生态状况持续恶化，自然资源遭到严重破坏。究其原因，制度设计在很大程度上缺乏程序性。

程序性的制度设计缺失体现在对行政机关执法的程序性规定缺乏，目前的生态行政制度偏重于静态的生态文明建设制度创设，忽视生态行政程序对生态文明建设制度实施的动态调整价值，执法程序规定比较抽象，没有明确、具体、统一的程序规定。既影响行政法律的执行效果，也导致行政相对人权利在程序上丧失。程序性制度缺失的另一个方面是对生态权益的救济程序不够完善。没有救济，就没有权利。《环境保护法》规定，环境侵权民事纠纷解决有两种诉讼程序，根据当事人的请求由环境保护监督管理部门处理的行政处理和由当事人直接向人民法院起诉，人民法院审理的民事诉讼程序，诉讼是环境污染民事纠纷最终的解决程序。但是由于环境侵权诉讼程序设计存在侵权责任构成、举证责任规定不清、赔偿标准模糊等问题，公民个人的生态侵权诉讼举步维艰。

三、绿色治理的国际经验

（一）法治基础

绿色治理首先是依靠法律的治理。西方国家在生态治理上取得显著成就，原因就是其自身完备的法治体系。生态治理的对象是综合性的生态环境系统，是由诸多生态要素及其子系统构成的复杂系统，而生态问题的发生与经济、政治、社会和文化等社会活动有着直接的关系，除去自然灾害，生态危机的产生就是由人类社会发展所导致。因此，生态领域的善治实现一方面要求要遵循和契合生态系统客观规律进行所有生态要素的综合性治理；另一方面生态治理作为当代公共治理核心议题需要多元主体协同共治。这是为西方国家进行生态治理重要经验之一，综合协同的生态法治架构使得美日等国在20世纪末实现生态环境的根本性改善。

西方国家的生态法治缘起与环境污染的治理，早期的生态法治关注点集中于具体的生态要素的保护和污染治理，如美国早期的生态立法《1872 年黄石公园法》（Yellow stone Park Act）、《1891 年森林保护法》（the Forest Reserve Act）、《1899 年河流和港口法》（Rivers and Harbors Act）、《1910 年联邦杀虫剂法》（Federal Insecticide Act）、《1948 年清洁水法》（the Clean Water Act）、《1963 年清洁空气法》（the Clean Air Act）、《1965 年固体废物处置法》（the Solid Waste Disposal Act）等。随着环境问题的不断显现以及环境意识的提升，大陆法系生态法治核心标志就是存在完备的生态法律制度体系，尤以《环境法典》为标志。1998 年瑞典颁布了环境法典，被认为是"世界上第一部具有实质编撰意义的环境法典"。[1]1999 年法国政府以法令形式通过环境法典。[2]2006 年 4 月 3 日，《意大利环境法规》，又称《环境法统一文本》颁布。[3]2014 年爱沙尼亚颁布《环境法典法总则》。[4]环境法法典的存在可以有效解决有关生态的法律及其制度之间部门化和碎片化，克服单行法律交叉重叠的弊端，避免法律制度之间"内耗"以及法律冲突。诚如彼得斯和皮埃尔在梳理西方国家历史时指出的那样：任何公共改革都不是自成一体无所依托的，相反任何改革必须认真仔细地与传统政治系统的需求和惯性相吻合，生态法治具体模式的选取也不外乎此。

（二）共治格局

综合性的生态法治制度设计为政府、市场和社会等主体参与生态公共治理提供了规范性基础，实现了生态问题的多元主体协同互动型治理网络，既能充分发挥政府治理的基础性作用，也能将社会和市场主体的治理效能最大化，为生态法治的实现动员了丰富的社会资本，促进社会生态治理共识的达成和信任的增进，构筑立体、多元、网络化的治理格局。

市场化因素的引入在美国以《1977 年清洁空气法修正案》为重要标志，经济咨询委员（council of economic advisor）与国家环保局共同开展经济手段进行生态治理的研究与评估，成本—收益（cost-benefit analysis）进入生态法治视野中，相应地许可证交易、泡泡政策、排污权交易、废物交易等市场化生态治

①竺效，田时雨. 瑞典环境法典化的特点及启示 [J]. 中国人大，2017（15）：53-55.

②莫菲. 法国环境法典化的历程及启示 [J]. 中国人大，2018（03）：52-54.

③李钧. 一步之遥：意大利环境"法规"与"法典"的距离 [J]. 中国人大，2018（01）：51-54.

④张忠利. 迈向环境法典：爱沙尼亚《环境法典法总则》及其启示 [J]. 中国人大，2018（15）：52-54.

理手段建立或被完善。田纳西河流域管理局（Tennessee Valley Authority）对流域综合治理更是成为市场化组织生态治理的典范。德国自 20 世纪 80 年代开始，就将环境保护政策的重点转变为采用市场机制，使短缺资源的成本和环境污染的代价变得昂贵，即污染者付费原则，利用市场机制及市场调节工具，出台以"产废付款"为准则的各项政策措施，对废弃物减量、节约型社会的建设及循环经济的发展起到了积极推动作用，日本注重利用市场机制促进环境保护，充分发挥碳排放交易市场、可再生能源市场、排污权交易市场的作用，鼓励各类企业实施节能、减排、实现循环经济，并给予必要的补贴和税收优惠，同时注重环境保护领域的基础性研究和开发工作，鼓励环境技术创新和专利研发。[1]

　　公民参与既是现代西方国家生态法治的一个重要特征，也是区别于传统的环境管制的主要因素，个人和社会组织借助宪政制度设计即可运用环境诉讼实现环境权的方式与行政权、立法权的抗争抑或协商，同时也能够充分依照制度设计将公民的生态治理意愿有效地影响公共生态政策的形成与执行。美国 20 世纪 70 年代以来的十二部重要联邦环境法律专设"公民诉讼"条款，确保民众可有效参与到生态治理之中，借以弥补环境行政管理的不足，包括《清洁空气法》（Clean Air Act）、《清洁水法》（Clean Water Act）、《海洋倾废法》（Ocean Dumping Act）、《噪声控制法》（Noise Control Act）、《深水港法》（Deepwater Port Act）、《安全饮用水法》（Safe Drinking Water Act）、《资源保全与恢复法》（Resources Conservation and Recovery Act）、《超级基金基金修正及再授权法》（Super-fund Amendments and Reauthorization Act）等。在加入《奥胡斯公约》（Aarhus Convention）关于环境事件的获取信息、作出决策时的公众参与和诉诸法律的公约）后，就从信息获取公开、环境决策参与和环境纠纷法律诉诸三个方面积极推动公众参与，不仅在环境影响评价制度中强制要求公众参与，在地方环境治理方面也鼓励地方政府将居民的意见纳入考虑[2]。日本政府从国民教育、非政府组织发展、企业环境经营多维度构建社会参与环境治理的制度体系。[3]西方国家在确保公众有序良好地参与生态治理方面还有两个基础性的制度准备，其一是完善的生态环境治理信息公开制度；其二是环境教育制度，培育具有良好的环境

---

①卢洪友.发达国家环境治理经验的中国借鉴 [J]. 人民论坛·学术前沿，2013(15).

② http://ec.europa.eu/environment/aarhus/.

③卢洪友.外国环境公共治理：理论、制度与模式 [M].北京：中国社会科学出版社，2014：352.

意识、环境权意识、环境参与意识的现代生态公民成为西方生态法治成功的重要
经验。

（三）理论创新

西方国家的绿色治理与生态领域的社会科学（简称生态社会科学）成为"显
学"密切相关，如环境法学、生态伦理学、环境哲学、环境社会学、环境经济学、
环境管理学等。

生态社会科学一方面能够使得民众和政府对生态环境问题的产生、发展及
解决有了历史、科学、系统的理解，激发生态意识、传播生态知识、培育生态
公民、建设生态政府、孕育生态社会。奥尔多·利奥波德（Aldo Leopold）在《沙
乡年鉴》（*A Sandy County Almanac*）中提倡民众要以"生态良心"为驱动转
变对自然征服者角色，开启西方国家生伦理思考的序幕。蕾切尔·卡森（Rachel
Carson）的《寂静的春天》（*Silent Spring*）开启了引领了美国或者是全球性的
环境保护运动。20 世纪 70 年代以后，美国的环境社会学、环境法学、环境政
治学等趋于成熟，能够为生态治理提供出一些建设性理论观点和具有可操作性
的治理方案，如《增长的极限》和《生存的蓝图》，构筑了环境友好型社会建
设方案。值得注意的是，西方生态社会科学中还涌现出具有马克思主义和社会
主义倾向的生态社会主义思潮，基于马克思主义对资本主义社会批判的立场，
倡导建立新的社会制度，进而彻底解决资本主义的生态危机。这一思潮在欧洲
影响较大，在政治生活中以"绿党"作为理论的践行者，进而参与和影响生态公
共治理。因此，生态社会科学培育和塑造了生态社会和生态政府，为生态法治的
出场和实现提供良好的社会文化基础。

生态社会科学对生态法治的另一大贡献就是直接为立法司法提供理论的供
给，成为有力的思想理论武器，生态社会科学理论成果或是成为生态立法的重
要来源，或是成为生态执法的重要考量，或是成为法院的生态判例时常会有对
生态社会科学理论的重要参照。环境权原本是环境法学的学术用语，也是现代
环境法学理论构造的基础和核心概念。环境权的出现原本为了解决公民环境诉
讼的理论支撑，而后逐步受到环境立法以及宪法修订行为的关注。环境公平
（environmental justice）作为生态伦理的核心概念则成了西方各国生态立法
和执法的伦理标尺。美国联邦环境保护局认为，环境公正即是在制定、实施、
执行环境法律、规章与政策时，确保人人享受公正的待遇并且能够有意义地参
与，而不分种族、肤色、原国籍或收入水平，并于 1990 年成立了环境公平工作组，

专门负责研究社会团体和联邦总务办公室提出的环境公平问题。①1994 年 1 月 14 日美国总统克林顿签署第 12898 号行政命令《联邦法案应体现对少数族群和低收入人群的环境公平》,1997 年 12 月 10 日,国家环境质量委员会制定并发布了《环境公平——国家环境政策法指引》。②

四、绿色治理的优良传统

无论是在中国特色社会主义革命阶段还是在中国特色社会主义建设阶段,党和国家高度重视环境保护和生态建设。在对马克思主义经典作家生态思想继承基础之上,立足中国国情,借鉴国内外相关的环境保护和生态建设建设思想,不断探索并形成了具有中国特色的绿色治理传统。

（一）新中国成立初期

在继承马克思恩格斯生态思想的基础上,以毛泽东同志为核心的党的第一代领导集体立足国情,开始了我国社会主义生态文明建设事业的探索,创造性地发展了马克思主义生态思想。

以毛泽东同志为主要代表的中国共产党人在新中国成立初期虽然没有明确提出社会主义生态文明建设的理论,但认识到要合理地建设社会主义,把社会主义中国建设的"更合理、更好一些"。毛泽东同志指出社会主义建设不仅包括经济、政治、文化建设,还包括林业、河流等自然环境建设。"一个国家获得解放后应该有自己的工业,轻工业和重工业都要发展,同时要发展农业、畜牧业,还要发展林业。森林是很宝贵的资源。"③毛泽东同志在 1956 年的《中共中央致五省（自治区）青年造林大会的贺电》向全国发出了"绿化祖国"的号召,1958 年在中央政治局工作会议上又提出"要使我们祖国的河山全部绿化起来,要达到园林化,到处都很美丽,自然面貌要改变过来",一切能够植树造林的地方都要努力植树造林,逐步绿化我们的国家,美化我国人民劳动、工作、学习和生活的环境。④

中国共产党人的生态建设思想还包括水利建设、荒山治理等方面,主要是

---

① http://www.epa.go/environmentaljustice.

② http://www.epa.gov/nepa/environmental_justice_guidance_national_environmental_policy_act_reviews.

③中共中央文献研究室,国家林业局.毛泽东同志论林业（新编本）.北京:中央文献出版社,2003:50-51.

④同上.

针对新中国成立初期社会主义建设所面临主要的生态环境问题而展开的，具有极强的现实性，属于生态文明建设的探索阶段。我国参加了1972年的联合国人类环境会议，第一次全面深入地认识"维护和改善人类环境，是关系到世界各国人民生活和经济发展的一个重要问题，是世界各国人民的迫切愿望"。[①]1973年，在周恩来总理的指导下，国务院召开了第一次全国环境会议。这次会议强调要改变新中国成立以来只重视工业生产建设、忽视"三废"治理、环境污染日趋严重的状况，提出"全面规划、合理布局，综合利用、化害为利，依靠群众、大家动手，保护环境、造福人民"的方针，制定了新中国第一步环境保护的综合性法规——《关于保护和改善环境的若干规定（试行）》。[②]环境保护正式成为社会主义事业的组成部分，党和国家以及人民群众开始认识到社会主义国家也会面临生态危机，逐步认识到环境保护对社会主义建设的重要价值，标志着环境保护事业的全面启动。

从唯物史观出发，新中国成立初期社会主义建设的目标是工业现代化，生态与经济协调发展并不是党和国家关注的重点，但也存在发展生态经济的思想。其一，综合利用生态资源。首先，综合利用生态资源是源于对马克思生态思想尤其是自然观的坚持：天上的空气、地上的森林、地下的宝藏，都是建设社会主义所需要的重要因素，而一切物质因素只有通过人的因素，才能加以开发利用。[③]其次，综合利用资源也是国情所决定。新中国成立初期，工农业生产力水平低下，各种资源材料十分稀缺，实行"节约增产、综合利用"的方针。在《关于正确处理人民内部矛盾的问题》提出要在全国范围内开展"增产节约反对铺张浪费"运动，"我们六亿人口都要实行增产节约，反对铺张浪费。不仅具有重要的。这不但在经济上有重大意义，在政治上也有重大意义"。[④]在提倡反对浪费，厉行节约的同时，毛泽东同志指出要提高资源使用效率："综合利用单打一总是不成，搞化工的单搞化工，搞石油的单搞石油，搞煤炭的单搞煤炭，总不成吧！煤焦可以出很多东西。采掘工业也是这样，采钨的就只要钨，

①我国代表团出席联合国有关会议文件集（1972年）. 北京：人民出版社，1972：256.

②新华月报社. 中华人民共和国大事记（1949—2004）（上）. 北京：人民出版社，2004：436.

③中共中央文献研究室. 毛泽东同志著作专题摘编（上）. 北京：中央文献出版社，2003：1007.

④马克思恩格斯列宁斯大林毛泽东同志关于社会主义经济理论问题的部分论述. 北京：新华出版社，1984：238.

别的通通丢掉。水利工程，管水利的只管水利，修了坝以后船也不通了，木材也不通了……综合利用大有文章可做。"①其二，发展循环经济产业链。从农业大国的国情出发，毛泽东认同志为农业是一个完整的生态系统，不同产业相互联系，共同发展。因此，他提出了农业、林业、牧业、副业、渔业等五业并举、循环发展的思想。"所谓农者，指的农林牧副渔五业综合平衡。蔬菜是农，猪牛羊鸡鸭鹅兔等是牧，水产是渔，畜类禽类要吃饱，才能长起来，于是需要生产大量精粗两类饲料，这又是农业，牧放牲口需要林地、草地，又要注重林业、草业。由此观之，为了副食品，农林牧副渔五大业都牵动了，互相联系，缺一不可。"②中国共产党人为实现生态效益和经济效益的并重而萌发了生态经济思想，虽然并不完整和系统，但对新中国成立初期的生态环境保护起到一定的积极作用。

（二）改革开放

以邓小平同志为主要代表的中国共产党人，把环境保护确定为基本国策，强调要在资源开发利用中重视生态环境保护。以江泽民同志为主要代表的中国共产党人强调要将经济发展与环境保护相统一，并把可持续发展确定为国家发展战略。以胡锦涛同志为主要代表的中国共产党人提出了科学发展观的重要思想，为生态文明建设理论奠定了重要基础。

改革开放之后迎来了经济的高速增长，但由于对生态环境的关注不够，在一定程度上重蹈了资本主义"先污染后治理"的覆辙，生态环境严重污染。在这一背景下，以邓小平同志为主要代表的中国共产党人开始重新思考经济发展与生态环境的问题，重新认识生态环境在社会主义事业中的价值。1983年召开的第二次全国环境保护会议提出"环境保护要与经济建设同步发展"，将环境保护确定为基本国策，确定了"预防为主、防治结合""谁污染、谁治理"和"强化环境管理"的符合国情的环境保护方针。③以江泽民同志为主要代表的中国共产党人进一步指出要实施可持续发展战略，核心就是"核心的问题是实现经济社会和人口、资源、环境协调发展"。④经过半个世纪的探索，以胡锦涛同志为主要代表的中国共产党人提出了生态文明建设概念，要"建设生态文明建

①顾龙生. 毛泽东同志经济年谱. 北京：中央党校出版社，1993：623.

②毛泽东同志文集（第八卷）. 北京：人民出版社，1999：69.

③薄一波文选. 北京：人民出版社，1992：424.

④张平. 中国改革开放：1978—2008综合篇（下）. 北京：人民出版社，2009：918.

设，基本形成节约能源资源和保护生态环境的产业结构、增长方式、消费模式"。①党的十八大报告中首次单篇论述生态文明，摆在社会主义建设的总体布局高度来论述，把"美丽中国"作为生态文明建设的宏伟目标。生态文明建设要融入经济建设、政治建设、文化建设、社会建设各方面和全过程，以实现中华民族永续发展。②

科学发展观的提出标志着党对正确处理经济发展与生态文明建设关系有了成熟的认识。科学发展观是对马克思生态思想的继承和发展，是对新中国成立以来社会主义事业的科学总结。生态文明建设是一种与工业文明有着本质区别的社会发展形态，是对资本主义工业文明的扬弃。全球性的环境问题的根源在于资本主义的生产方式，虽然资本主义社会进行相应的制度和技术改良，但是不能够消除资本主义社会存在的基本矛盾，资本主义式的发展方式是难以为继的。只有坚持以人为本的科学发展观，以实现人的自由全面发展为价值关怀的，在经济、政治、社会、文化等领域实现根本性的变革，方可消解人、社会与生态环境之间的对立紧张关系，实现人与自然的和谐共生、人与社会的和谐互动、人与他人的和谐共处、人与自我的和谐发展。

五、绿色治理的创新课题

绿色治理是在习近平生态文明思想中的现代国家生态治理观指导下的社会主义国家治理的新课题，是生态文明建设与现代国家治理在新时代中国特色社会主义建设中的共时性推进生成的。现代国家生态治理既能够充分发挥社会主义的制度优势，更能够通过体系和能力的同步建设提升治理效能；既符合我国国情和生态治理传统，又能通过吸收借鉴其他国家生态治理经验实现"后发优势"，迈入新时代生态文明建设的新境界。

（一）治理理念

人与自然的关系问题是马克思主义的重要议题之一。马克思主义认为，人类是自然的有机组成部分，与自然是统一的有机整体，彼此相互影响、相互制约、紧密联系、不可分割。马克思主义强调，"自然史和人类史就彼此相互制约"，人与自然的关系既深刻影响着人与人的关系，又是人与人的关系的动态反映。马

---

① 十七大以来重要文献选编·上 [M]. 北京：中央文献出版社，2009：70.
② 十八大以来重要文献选编·上 [M]. 北京：中央文献出版社，2014：30-31.

克思指出资本主义生产方式是以最大限度追求资本的剩余价值为目的，资本的逻辑决定了自然环境无条件地服务与资本增值，满足利润最大化的资本本性。因此，生态危机成为资本主义生产方式的必然后果，资本主义制度是生态危机的制度根源。只有在社会主义社会，生态危机才能够得到根本解决，才能够实现人—自然—社会三者之间的和谐共生，才能够实现真正的人的自由而全面的发展。①中国共产党人继承了经典马克思主义作家的生态文明思想，并与中国具体国情和时代特征相结合，尤其十八大以来，在以习近平总书记为核心的党中央带领下，我们党在社会主义道路上领导经济社会发展，艰辛探索人与自然和谐相处之道，不断深化对生态文明建设规律性的认识，集大成的理论认识和实践经验结晶，形成了习近平生态文明思想。

在《推动我国生态文明建设迈上新台阶》中，习近平总书记科学概括了新时代推进生态文明建设必须坚持的"六项原则"可视为习近平生态文明思想的核心要义，即科学自然观、绿色发展观、基本民生观、整体系统观、严密法治观、全球共赢观。习近平生态文明思想，是习近平新时代中国特色社会主义思想的有机组成部分。这一思想深刻回答了为什么建设生态文明、建设什么样的生态文明、怎样建设生态文明的重大理论和实践问题，进一步丰富和发展了马克思主义关于人和自然关系的思想，深化了我们党对社会主义建设规律的认识，为建设美丽中国、实现中华民族永续发展提供了根本遵循。②这为新时代推进生态文明建设、实现绿色治理现代化、打好污染防治攻坚战提供了思想武器、方向指引、根本遵循和强大动力。

（二）治理格局

习近平总书记在十九大报告中指出，要在推进国家治理体系和治理能力现代化进程中，加快生态文明体制改革，构建以"党委领导、政府主导、企业主体、公众参与"为基本格局的绿色治理体系。③现代国家生态治理是国家治理体系和治理能力现代化在生态文明建设领域的具体体现，既包括以体制机制、法律法规安排等国家制度建设的国家生态治理体系现代化，也包括党、政府、市场、社会

---

①马克思恩格斯文集（第一卷）[M]. 北京：人民出版社，2009：516.

②在习近平生态文明思想指引下迈入新时代生态文明建设新境界 [J]. 求是，2019（03）：20-29.

③习近平 . 决胜全面建成小康社会 夺取新时代中国特色社会主义伟大胜利 [N]. 人民日报，2017-10-28（001）.

等为主体的国家生态治理能力现代化。

"党委领导、政府主导、企业主体、公众参与"是新时代现代国家生态治理的基本格局，这是党和国家在充分发挥社会主义制度的优越性和政治优势的基础上，积极借鉴国外先进经验和做法，超越了西方国家立基于"国家—市场/社会"二元对立基础上的公共治理理念，在国家治理、市场治理和社会治理之外创设了新的治理维度，即执政党的治理，使国家、市场和社会治理在党的领导下实现了有机整合，党成为现代国家生态治理的领导核心。中国共产党是社会主义建设的核心力量，具有全国范围内的组织结构体系，是当代中国政体的重要组成部分，党是治国理政的顶层设计者，党的各级组织执行着准立法职能和行政职能。这一差异的缘由是因为中国的政治社会是反向度地镶嵌在执政党组织之中——政党型社会体制，而西方的政党政治则是镶嵌在近代所确立的市场社会之中。^①党作为生态治理的一元主体有别于西方国家的环境治理体制，目的在于"坚持党总揽全局、协调各方的领导核心作用"，承担了战略设计、关键性制度设计、远景规划、主体间关系地位的确立与协调沟通等元治理者的职责。

政府、市场和社会是新时代国家生态治理的三维参与主体，其中，政府居于生态治理的中心地位。现代国家生态治理中的政府是广义上的政府，既包括立法机关，也包括行政机关和司法机关。因此，政府生态治理能力分为立法机关和有立法权的行政机关的制度创设能力、行政机关和司法机关的制度实施能力。执政党主要负责宏观性、战略性的生态治理制度设计，具体的、可操作性的制度设计则主要由立法机关和有立法权的行政机关完成。目前，我国生态环境保护方面的法律有三十多部，行政法规有九十多部，部门规章、地方性法规和地方政府规章上千件，基本涵盖了生态文明建设的主要领域。

市场和社会是生态治理的关键参与者。企业是社会物质财富的主要生产者，是生态环境治理、绿色发展的主要承载者。企业在现代国家治理能力中主要承担着绿色科技创新和绿色生产两个方面的任务。习近平总书记在十九大报告中指出，新时代推进绿色发展，需"构建市场导向的绿色技术创新体系"。^②技术创新是经济发展的动力和源泉，是实现经济高速发展的助推器。但是传统的技术

---

①孔繁斌.治理与善治制度移植：中国选择的逻辑 [J].马克思主义与现实，2003（6）.

②习近平.决胜全面建成小康社会 夺取新时代中国特色社会主义伟大胜利 [N].人民日报，2017-10-28（001）.

创新是以实现经济增长为目标的技术革新。在资本追求利益最大化的本性的驱使下，这种单向度的技术创新在为经济增长做出贡献的同时由于无视环境保护导致了极为严重的生态危机，严重制约了经济社会的可持续发展和人的自由全面发展。绿色技术创新是以生态文明理念为指导，通过开发生态化技术，研发生态化产品，实现生态化营销和生态化消费，在推动发展方式转变和经济结构调整、解决污染治理难题方面承担着重要作用。党的十八大以来，绿色技术创新迎来良好的发展机遇，取得了飞速的发展。

社会主体是现代国家生态治理不可或缺的治理主体，能够实行对政府和企业行为的有效监督，有助于提高公共决策的科学性。党的十八大以来，党和政府通过建章立制，尤其是《环境保护法》和《环境保护公众参与办法》，对环境保护公众参与做出专门规定，以保障知情权、参与权、监督权实现为抓手，鼓励群众用法律的武器保护生态环境，畅通生态公共参与通道，规范引导公众依法、有序、理性参与。党的十八大以来，公众生态参与还集中体现在环境公益诉讼中[①]。

新时代中国特色社会主义绿色治理的主体格局是一个动态变化发展的格局。治理主体分工各异、各有所长但绝非简单平等的关系，需因时因地而异，这样也确保了国家生态治理能够实现普遍性和多样性的统一、确保了顶层设计和基层创新的兼顾，做到了社会主义制度优势和治理效能的协同。"党委领导、政府主导、企业主体、公众参与"的现代国家生态治理的基本格局成为新时代生态文明建设所孕育出的创造性成果。

（三）治理动能

习近平总书记指出，生态环境保护的成败，归根结底取决于经济结构和经济发展方式，而其中重点就是要加快构建绿色生产体系。[②]物质文明是社会发展的基础，所以，生态文明建设的根本所在就是经济发展方式。马克思主义认为，经济活动是人类的基本活动，制约着整个社会生活、政治生活和精神生活。因此，对一个社会结构的考察必须要从经济结构入手，进而厘清经济结构与其他社会结构之间的关系。每一历史时代主要的经济生产方式和交换方式以及必然由此产生的社会结构，是该时代政治的和精神的历史所赖以确立的基础，并且只有从这一

---

①郭永园. 习近平生态文明思想中的现代国家生态治理观 [J]. 湖湘论坛，2019，32（04）：23-31.

②习近平. 推动我国生态文明建设迈上新台阶 [J]. 求是，2019（03）：4-19.

基础出发，这一历史才能得到说明。[①]因此，社会主义生态文明建设要把经济发展方式作为核心影响因素予以高度关注，通过经济建设的生态化发展、建立生态化的现代经济体系确保能够为新时代的绿色治理提供充足的新动能。

生态化的现代经济体系首先就是要实现经济增长动力的生态化，即生态化技术创新。生态化技术创新是立足于自然生态平衡协调、社会生态和谐有序以及人的全面发展的目标，将原始的发明创造或者技术要素的重新组合后商品化的过程。生态化技术创新以生态文明建设为指向，以人文关怀统领技术创新活动，通过开发生态技术，研发生态产品，实现生态营销和生态消费。同时，在各个行业和领域推进生态化技术创新，推动着产业结构的转型和优化，为生态文明建设奠定物质基础。生态化技术创新能够为经济增长提供新的增长点，在确保经济规模增加的同时实现资源的高效使用、废物的微量排放甚至是零排放，最终实现经济、社会与生态的和谐共生。新时代以生态化技术创新驱动经济发展，首先需要国家要全力推进创新型国家建设，培育企业的创新能力。其次，政府是生态化技术创新的核心推动者，负责具有战略性的生态化技术创新的研发和推广使用。最后，生态化技术创新要多元参与，协同作用。[②]

生态产业体系是生态化的现代体系的组织形态。生态产业是契合生态文明建设理念的产业形态，以绿色低碳为产业增长基本方式，以产业与生态、社会的和谐共生为产业发展目标。从三大产业结构角度出发，生态产业就是第三产业。第三产业比第一第二产业对能源的消耗相对较小，对生态环境的影响也较小。从具体的产业形态出发，生态产业认识主要是由环保产业和其他实现了绿色低碳生产的产业部门。生态化技术创新是生态化产业形成和发展的内在的基础性因素，即技术创新的生态必然会孕育生态产业的兴起，新兴产业的出现无一例外地源于新兴科技的诞生，而生态产业发展会将生态化技术创新效用集聚和外化，进而引起整个国民经济机构的生态重构，引领经济发展方式的生态转向。生态产业在具体的产业形态层面是发展以环保产业为核心的新兴产业。西方国家早在 20 世纪就大力推进环保等新型产业的发展，取得了经济与环境保护的双赢。现阶段，我国生态产业建设的重点是培育战略性新兴产业。战略性新兴产业能够引领经济发展方式的绿色、低碳化转型，以促进经济发展模式的生态转向。战略性新兴产业有

---

①马克思恩格斯选集（第一卷）[M]. 北京：人民出版社，1995：385.
②郭永园. 协同发展视域下的中国生态文明建设研究 [D]. 湖南大学，2015.

助于加快形成支撑经济社会可持续发展的支柱性和先导性产业，优化升级产业结构，提高发展质量和效益，推进中国特色新型工业化进程，推动节能减排，积极应对日趋激烈的国际竞争和气候变化等全球性挑战，促进经济长期平稳较快发展。我国确定的战略性新兴产业七大领域，包括节能环保、新一代信息技术、生物、高端装备制造、新能源、新材料和新能源汽车。节能环保产业排在了第一位，环保产业成为未来国家经济转型发展的关键驱动力。

（四）文化共识

党的十八大报告中明确提出："加强生态文明宣传教育，增强全民节约意识、环保意识、生态意识，形成合理消费的社会风尚，营造爱护生态环境的良好风气。"[1]2013 年 5 月 24 日，中共中央政治局第六次集体学习时，习近平总书记再次强调要加强生态文明宣传教育，增强环保意识。[2]2015 年 5 月 5 日，中共中央、国务院印发了《关于加快推进生态文明建设的意见》，这是继党的十八大和十八届三中、四中全会对生态文明建设作出顶层设计后，中央对生态文明建设的一次全面部署。

《关于加快推进生态文明建设的意见》明确提出要：坚持把培育生态文化作为重要支撑。将生态文明纳入社会主义核心价值体系，加强生态文化的宣传教育，倡导勤俭节约、绿色低碳、文明健康的生活方式和消费模式，提高全社会生态文明意识。[3]

生态文化的生成历经生态意识、生态知识和生态思维这三个阶段或者是包括这三个方面的内容。生态意识是生态文化的初级阶段，是人对生态环境最直接、最形象的认识，包含心理、感受、感知、思维和情感等因素。生态知识是理性化、科学化的生态意识，是对生态意识的抽象归纳和科学提炼，剔除了生态意识不系统和非理性的因素。生态思维则是生态知识的递进阶段，公众经过生态意识和生态知识的洗礼，形成了对生态文明时代发展规律和本质的最终认识，决定着人民的实践行为。[4]

---

①胡锦涛.坚定不移沿着中国特色社会主义道路前进为全面建成小康社会而奋斗[N].人民日报，2012-11-18（001）.

②习近平主持中共中央政治局第六次集体学习[EB/OL].http://news.xinhuanet.com/video/2013-05-24/c_124761554.htm，2013-05-24.

③中共中央国务院关于加快推进生态文明建设的意见[N].人民日报，2015-05-06（001）.

④郭永园，武晗.生态文明融入文化建设的路径分析[J].陕西行政学院学报，2017,31（04）：10-15.

（五）民生意蕴

习近平总书记强调，"建设生态文明，关系人民福祉，关乎民族未来。""良好的生态环境是最公平的公共产品，是最普惠的民生福祉。"[1]

环境就是民生，青山就是美丽，蓝天也是幸福。发展经济是为了民生，保护生态环境同样也是为了民生。既要创造更多的物质财富和精神财富以满足人民日益增长的美好生活需要，也要提供更多优质生态产品以满足人民日益增长的优美生态环境需要。要坚持生态惠民、生态利民、生态为民，重点解决损害群众健康的突出环境问题，加快改善生态环境质量，提供更多优质生态产品，努力实现社会公平正义，不断满足人民日益增长的优美生态环境需要。

生态文明是人民群众共同参与共同建设共同享有的事业，要把建设美丽中国转化为全体人民自觉行动。每个人都是生态环境的保护者、建设者、受益者，没有哪个人是旁观者、局外人、批评家，谁也不能只说不做、置身事外。要增强全民节约意识、环保意识、生态意识，培育生态道德和行为准则，开展全民绿色行动，动员全社会都以实际行动减少能源资源消耗和污染排放，为生态环境保护做出贡献。

建设社会主义生态文明，是关系人民福祉的大事。2017 年 10 月 18 日，习近平总书记在党的十九大报告中旗帜鲜明地指出："我们要建设的现代化是人与自然和谐共生的现代化，既要创造更多物质财富和精神财富以满足人民日益增长的美好生活需要，也要提供更多优质生态产品以满足人民日益增长的优美生态环境需要。"将"满足人民日益增长的优美生态环境需要"作为社会主义生态文明建设的价值取向，坚持了社会主义生态文明建设的人民立场。[2]

---

[1]习近平.推动我国生态文明建设迈上新台阶 [J]. 求是，2019（03）：4-19.

[2]张云飞.辉煌 40 年——中国改革开放系列丛书·生态文明建设卷 [M].合肥：安徽教育出版社，2018.

第二章

绿色治理的基本原则

"四个治理"原则首次正式出现于 2013 年党的十八届三中全会通过的《中共中央关于全面深化改革若干重大问题的决定》（以下简称《决定》），其针对创新社会治理方式提出"四个治理"原则，即坚持系统治理、依法治理、综合治理和源头治理。2019 年党在十九届四中全会在论述坚持和完善社会主义制度体系时，四中全会公报重申了"四个治理"原则，为我们创新社会治理方式指明了方向和路径。"四个治理"原则是把我国制度优势更好地转化为国家治理效能的关键环节。"四个治理"内容丰富，体现了一系列有机结合：刚性治理与柔性治理相结合、社会服务与社会治理相结合、社区治理与社会治理相结合、政府主导与多方参与相结合、科学精神与人文关怀相结合、治标与治本相结合，等等。"四个治理"在宗旨要求和目标指向上具有统一性。《决定》强调："必须着眼于维护最广大人民根本利益，最大限度增加和谐因素，增强社会发展活力，提高社会治理水平，全面推进平安中国建设，维护国家安全，确保人民安居乐业、社会安定有序。"[①]这表明："四个治理"的出发点与归宿，是实现好、维护好、发展好最广大人民的根本利益。

①中央文献研究室.十八大以来重要文献选编·上 [M].北京：中央文献出版社，2014：539.

一、系统治理原则

作为国家治理体系的基本原则，系统治理主要用来明确国家治理的主体及其结构关系，明确国家治理由谁领导、由谁主导以及主体间保持何种关系等问题。系统治理作为现代国家治理的基本原则最早出现在《决定》中，"坚持系统治理，加强党委领导，发挥政府主导作用，鼓励和支持社会各方面参与，实现政府治理和社会自我调节、居民自治良性互动。"①具体到绿色治理领域，坚持系统治理就是要构建以"党委领导、政府主导、企业主体、公众参与"为基本格局的环境治理体系。环境治理领域实现由政府、市场、社会的多中心治理是西方国家环境治理领域的重要经验，而坚持党的领导是中国特色社会主义事业的核心特征，因此构建"党委领导、政府主导、企业主体、公众参与"的系统治理格局是坚持"不忘本来、吸收外来、面向未来"治理理念的具体体现。

（一）党委领导

习近平总书记指出，打好污染防治攻坚战时间紧、任务重、难度大，是一场大仗、硬仗、苦仗，必须加强党的领导。②"党委领导、政府主导、企业主体、公众参与"为基本格局的现代国家生态治理体系首先凸显的就是党在生态治理中的首出地位。党作为生态治理的一元主体有别于西方国家的环境治理体制，目的在于"坚持党总揽全局、协调各方的领导核心作用"③，承担了战略设计、关键性制度设计、远景规划、主体间关系地位的确立与协调沟通等元治理者的职责。

党的十七大正式提出生态文明理念，党的十八大将生态文明纳入经济、政治、文化、社会、生态"五位一体"的社会主义建设总布局中，党的十九大将生态文明提升为事关"中华民族永续发展的千年大计"、将"美丽"纳入国家现代化目标之中、将提供更多"优质生态产品"纳入民生范畴。生态文明在社会主义建设地位的不断跃升体现了党对生态文明建设战略设计不断完善，并通过党的领导方式将全党的意志转变为国家意志，最终成为全民自觉行动，天蓝水清地净的美丽中国梦正逐步实现。

作为中国特色社会主义领导核心的中国共产党提出治国理政的关键性制度

①十八大以来重要文献选编·上 [M]. 北京：中央文献出版社，2014：539.

②习近平. 推动我国生态文明建设迈上新台阶 [J]. 求是，2019（03）：4-19.

③中央文献研究室. 十八大以来重要文献选编（上）[M]. 北京：中央文献出版社，2014：91-92.

设计是我国政治文明建设一条基本经验和原则，现代国家生态治理也不外如此。党的十八大以来，由习近平同志担任组长的中央全面深化改革领导小组共颁布了有关生态治理的党内法规或政策性文件至少二十件，主要包括《生态文明体制改革总体方案》《党政领导干部生态环境损害责任追究办法》《环境保护督察方案》《生态环境损害赔偿制度改革试点方案》《控制污染物排放许可制实施方案》《关于设立统一规范的国家生态文明试验区的意见》《关于省以下环保机构监测监察执法垂直管理制度改革试点工作的指导意见》《生态文明建设目标评价考核办法》《关于全面推行河长制的意见》《关于划定并严守生态保护红线的若干意见》《关于建立资源环境承载能力监测预警长效机制的若干意见》《建立国家公园体制总体方案》《关于健全生态保护补偿机制的意见》《环境保护督察方案（试行）》《开展领导干部自然资源资产离任审计试点方案》《党政领导干部生态环境损害责任追究办法（试行）》《生态环境损害赔偿制度改革试点方案》等。这些关键性制度架构起了现代国家生态治理所需的生态法治体系的"四梁八柱"，对重点领域、突出问题进行了及时有效的回应，确保了新时代生态文明建设的顺利推进。

（二）政府主导

现代国家生态治理中的政府是广义上的政府，既包括立法机关，也包括行政机关和司法机关。因此，政府生态治理能力分为立法机关和有立法权的行政机关的制度创设能力、行政机关和司法机关的制度实施能力。

执政党主要负责宏观性、战略性的生态治理制度设计，具体的、可操作性的制度设计则主要由立法机关和有立法权的行政机关完成。目前我国生态环境保护方面的法律有三十多部，行政法规有九十多部，部门规章、地方性法规和地方政府规章上千件，基本涵盖了生态文明建设的主要领域。党的十八大以来，生态治理法律制度得到了充足的发展，生态文明作为"五位一体"总布局的组成部分写入了宪法，通过了被称作是"史上最严"的《环境保护法》，生态文明建设目标评价考核、自然资源资产离任审计、生态环境损害责任追究等制度出台实施，主体功能区制度、生态环境监测数据质量管理、排污许可、河（湖）长制、禁止洋垃圾入境等环境治理制度不断建立健全。但客观而言，目前我国的生态治理制度创设方面还存在着部门立法为主、公众参与度低、专家专业化程度低等不足，在一定程度上影响了生态治理制度的执行度，未来应制定明确的法律，一方面破除部门立法带来的各种局限性；另一方面也通过明确的法律规定保障不同生态治理主体的参与决策权，增加专家或者是提高立法部门工作人员的专业知识水平。

习近平总书记指出，法律的生命力在于实施，如果有了法律而不实施，或者实施不力，搞得有法不依、执法不严、违法不究，那制定再多法律也无济于事。① 生态治理制度的实施包括生态执法和生态司法两个方面，其中，生态执法是生态治理制度实施的主要环节，生态司法是确保生态正义的最后一道防线。党的十八大以来，我国生态执法和生态司法均有了较大幅度的提升，综合生态执法体系初步建立，生态执法的力度不断加大、手段日趋丰富、效能稳步提升；适合中国国情的生态司法体制基本建立，生态司法专业化正在稳步推进。但生态执法和司法机关人员配置和责任承担不匹配、工作人员的专业化水平较低、职务晋升激励机制不足、生态执法和生态司法尤其与刑事法律衔接不足等问题依然存在，影响着现代国家生态治理效能的充分发挥。在《生态文明体制改革总体方案》等顶层设计制度安排中已经对相关问题进行了原则性规定，未来政府生态治理能力的提升需要通过立法和行政体制改革将顶层设计具体化，最大限度地降低政策性内耗，实现政府部门权责合理划分以及部门权力、责任与能力的匹配。

（三）企业主体

企业是社会物质财富的主要生产者，是生态环境治理、绿色发展的主要承载者。企业在现代国家治理能力中主要承担着绿色科技创新和绿色生产两个方面的任务。

习近平总书记在十九大报告中指出，新时代推进绿色发展，需"构建市场导向的绿色技术创新体系"②。技术创新是经济发展的动力和源泉，是实现经济高速发展的助推器。但是传统的技术创新是以实现经济增长为目标的技术革新。在资本追求利益最大化的本性的驱使下，这种单向度的技术创新在为经济增长做出贡献的同时由于无视环境保护导致了极为严重的生态危机，严重制约了经济社会的可持续发展和人的自由全面发展。绿色技术创新是以生态文明理念为指导，通过开发生态化技术，研发生态化产品，实现生态化营销和生态化消费，在推动发展方式转变和经济结构调整、解决污染治理难题方面承担着重要作用。党的十八大以来，绿色技术创新迎来良好的发展机遇，取得了飞速的发展。2014年《科技部、工业和信息化部关于印发 2014—2015 年节能减排科技专项行动方案》中明确提出了六大领域的生态化技术创新任务，通过国家政策引领全社会的生态化技术创

---

①中央文献研究室.习近平关于全面依法治国论述摘编 [M].北京：中央文献出版社，2015：57.

②习近平.决胜全面建成小康社会 夺取新时代中国特色社会主义伟大胜利 [R].北京：人民出版社，2017.

新，助力国家的经济发展转型和生态文明建设。《关于加快推进生态文明建设的意见》也指出"加快技术创新和结构调整""加快推动生产方式绿色化"。但是目前企业的绿色技术创新还存在着创新风险大、正向激励机制匮乏、政府支持有限、中小企业参与度低等问题。2018 年全国生态环境保护大会后，党和国家正通过建立健全环境产权制度、积极推动重要资源性产品的价格机制、完善财税政策支撑等方式来保障、提高企业的绿色技术创新能力。

习近平总书记指出，生态环境保护的成败，归根结底取决于经济结构和经济发展方式，而其中重点就是要加快构建绿色生产体系①。绿色生产就是指企业进行节能减排，在生产、流通、消费各环节大力发展循环经济，实现各类资源节约高效利用，大幅降低能源、水、土地消耗强度。党的十八大以来，《国民经济和社会发展第十三个五年规划纲要》和《中国制造 2025》等顶层设计中对发展循环经济做出了制度安排，相关部门出台了《工业绿色发展规划（2016—2020 年）》。中央和地方各级政府通过完善制度体系、加大政策扶持、丰富市场机制、推动技术转化、建设示范基地等环节大力推动循环经济新发展，循环经济发展取得了辉煌成就。新阶段正在通过多种渠道多种方式推进产业循环式组合，促进生产和生活系统的循环链接，构建覆盖全社会的资源循环利用体系。

（四）公众参与

社会主体是现代国家生态治理不可或缺的治理主体，能够实行对政府和企业行为的有效监督，有助于提高公共决策的科学性。党的十八大以来，党和政府通过建章立制，尤其《环境保护法》和《环境保护公众参与办法》，对环境保护公众参与做出专门规定，以保障知情权、参与权、监督权实现为抓手，鼓励群众用法律的武器保护生态环境，畅通生态公共参与通道，规范引导公众依法、有序、理性参与。从顶层设计上统筹规划，全面指导和推进全国环境保护公众参与工作，对缓解当前环境保护工作面临的复杂形势、构建新型的公众参与环境治理模式、维护社会稳定、建设美丽中国具有积极意义。

党的十八大以来，公众生态参与还集中体现在环境公益诉讼中。2012 年修订的《民事诉讼法》赋予了环保组织公益诉讼的主体资格。《最高人民法院关于审理环境民事公益诉讼案件适用法律若干问题的解释》《关于审理环境侵权责任纠纷案件适用法律若干问题的解释》以及《人民法院审理人民检察院提起公益诉

---

① 习近平 . 推动我国生态文明建设迈上新台阶 [J]. 求是，2019（03）：4-19.

讼案件试点工作实施办法》等司法解释和规范性文件，与民政部、环境保护部联合发布《关于贯彻实施环境民事公益诉讼制度的通知》将环保组织的公益诉讼主体资格予以较为全面的规定，环境公益诉讼审判工作有序开展，稳步推进，有效地督促和加强环境行政执法，追究环境污染者和生态破坏者的法律责任，引导公众采取法治化的途径有序参与生态治理。就目前而言，社会主体的公众生态治理能力方面存在着相关法律规定操作性较差、环保组织设立和发展的政策、资金扶持不够、对公众环境信息公开有限、环保组织规模整体偏小且专业化程度低。《中共中央 国务院关于加快推进生态文明建设的意见》专章指出要"鼓励公众积极参与"，提出将从完善公众参与制度、健全环境信息公开制度保障公众知情权、健全举报、听证、舆论和公众监督等制度、构建全民参与的社会行动体系等方面引导生态文明建设领域各类社会组织健康有序发展，发挥民间组织和志愿者在生态治理中的积极作用。

二、依法治理原则

依法治理明确了绿色治理的根本依据和手段，即主要依据什么、依靠什么来进行社会治理。《决定》强调："坚持依法治理，加强法治保障，运用法治思维和法治方式化解社会矛盾。"法治与生态的联姻，是生态文明发展的一个重要标志。生态法治是对生态文明建设实行法治化的状态和过程。习近平总书记多次强调，只有实行最严格的制度、最严密的法治，才能为生态文明建设提供可靠保障。"最严"生态法治观作为习近平生态文明思想的重要组成部分，彰显了党在现代国家治理中的政治智慧和坚定决心，生态法治体系建设提供了科学的理论指导和行动指南，对新时代生态文明制度有着重大而深远的政意义、历史意义、理论意义、实践意义。

（一）科学立法

法律是治国之重器，良法是善治之前提。世界首份环境法治报告（Environmental Rule of Law—First Global Report）中指出，环境法治的前提是公平、明确和可实施的法律。[①]建设中国特色社会主义法治体系，必须坚持立法先行，发挥立法的引领和推动作用，抓住提高立法质量这个关键。要恪守以民为本、立

---

① Environmental Rule of Law—First Global Report [EB/OL].https：//www.unenvironment.org/news_and_stories/press_release/dramatic_growth_laws_protect_environment_widespread_failure_enforce_finds_report，2019-01-24.

法为民理念，贯彻社会主义核心价值观，使每一项立法都符合宪法精神、反映人民意志、得到人民拥护。要把公正、公平、公开原则贯穿立法全过程，完善立法体制机制，坚持立改废释并举，增强法律法规的及时性、系统性、针对性、有效性。①生态文明建设不仅要做到"有法可依"，而且要做到"所依为良法"。

凡属重大改革都要于法有据。②实践是法律的基础，法律要随着实践发展而发展。转变经济发展方式，扩大社会主义民主，推进行政体制改革，保障和改善民生，加强和创新社会管理，保护生态环境，都会对立法提出新的要求。③"推动绿色发展，建设生态文明，重在建章立制，用最严格的制度、最严密的法治保护生态环境，健全自然资源资产管理体制，加强自然资源和生态环境监管，推进环境保护督察，落实生态环境损害赔偿制度，完善环境保护公众参与制度。"④

习近平总书记强调，要坚持立法先行，注重新法律的制定，对"实践证明行之有效的改革，要及时上升为法律"，"不适应改革要求的法律法规，要及时修改和废止"，为经济体制和社会体制改革、为转变政府职能扫除障碍；还"要加强法律解释工作，及时明确法律规定含义和适用法律依据"。⑤

习近平总书记指出："小智治事，中智治人，大智立法。治理一个国家、一个社会，关键是要立规矩、讲规矩、守规矩。"⑥十九大报告中要求科学立法、民主立法、依法立法，以良法促进发展、保障善治。⑦质量是立法的生命线，是良法之前提。现行的生态环境法律法规未能全面反映客观规律和人民意愿，针对性、可操作性不强，立法工作中部门化倾向、争权诿责现象较为突出⑧。正因为

①中共中央关于全面推进依法治国若干重大问题的决定 [N].人民日报，2014-10-29（001）.

②把抓落实作为推进改革工作的重点真抓实干踏疾步稳务求实效 [N].人民日报，2014-03-01（001）.

③依法治国依法执政依法行政共同推进法治国家法治政府法治社会一体建设 [N].人民日报，2013-02-25（001）.

④推动形成绿色发展方式和生活方式为人民群众创造良好生产生活环境 [N].人民日报，2017-05-28（001）.

⑤中共中央文献研究室.习近平关于全面依法治国论述摘编 [M].北京：中央文献出版社，2015：51.

⑥习近平关于社会主义政治建设论述摘编 [M].北京：中央文献出版社，2017：85.

⑦习近平.决胜全面建成小康社会夺取新时代中国特色社会主义伟大胜利 [N].人民日报，2017-10-28（001）.

⑧习近平.关于《中共中央关于全面推进依法治国若干重大问题的决定》的说明 [N].人民日报，2014-10-29（002）.

如此，习近平总书记强调"越是强调法治，越是要提高立法质量"。推进科学立法、民主立法，是提高立法质量的根本途径。科学立法的核心在于尊重和体现客观规律，民主立法的核心在于为了人民、依靠人民。要完善科学立法、民主立法机制，创新公众参与立法方式，广泛听取各方面意见和建议。①

习近平总书记指出："要加强重点领域立法，及时反映党和国家事业发展要求、人民群众关切期待，对涉及全面深化改革、推动经济发展、完善社会治理、保障人民生活、维护国家安全的法律抓紧制定、及时修改。"②2015 年 9 月 11日，习近平总书记主持中共中央政治局召开会议通过了《生态文明体制改革总体方案》，方案设定了我国生态立法的重点领域：自然资源资产产权制度、国土空间开发保护制度、空间规划体系、资源总量管理和全面节约制度、资源有偿使用和生态补偿制度、环境治理体系、环境治理和生态保护市场体系、生态文明绩效评价考核和责任追究制度等八项制度。③

（二）严格执法

习近平总书记指出：坚持依法治国、依法执政、依法行政共同推进，坚持法治国家、法治政府、法治社会一体建设④，而依法治国的关键之一是各级政府能不能依法行政、严格执法。执法是行政机关履行政府职能、管理经济社会事务的主要方式，"各级政府必须坚持在党的领导下、在法治轨道上开展工作，创新执法体制，完善执法程序，推进综合执法，严格执法责任，建立权责统一、权威高效的依法行政体制"。⑤生态执法是生态法治实施的重心，事关生态法治的理念能否落地见效，可以说是生态法治实施的中枢。如果没有系统完备全面的法律实施机制，再多再好的法律文本也只会停留在纸面，被束之高阁，沦落为纸老虎。联合国环境规划署于在 2019 年发布《环境法治——全球首份报告》

①习近平.关于《中共中央关于全面推进依法治国若干重大问题的决定》的说明 [N].人民日报，2014−10−29（002）.

②习近平.关于《中共中央关于全面推进依法治国若干重大问题的决定》的说明 [N].人民日报，2014−10−29（002）.

③中共中央国务院印发《生态文明体制改革总体方案》[N].经济日报，2015−09−22（002）.

④习近平.在首都各界纪念现行宪法公布施行 30 周年大会上的讲话 [N].人民日报，2012−12−05（002）.

⑤习近平.关于《中共中央关于全面推进依法治国若干重大问题的决定》的说明 [N].人民日报，2014−10−29（002）.

（Environmental Rule of Law-First Global Report），这是第一份有关全球环境法治状况的评估报告。报告中指出自 1972 年以来，尽管全球范围内的环境法数量增长了 38 倍，各国在环境法的立法层面取得了可喜的成就，环境法发展呈现繁荣态势，但污染、生物多样性丧失和气候变化等问题持续存留，政府机构之间协调不佳、机构能力薄弱、获取信息渠道不通、腐败和公民参与受限等因素导致的执法不力就是主要的原因。十八届三中全会审议通过的《中共中央关于全面深化改革若干重大问题的决定》提出，建立和完善严格监管所有污染物排放的环境保护管理制度，独立进行环境监管和行政执法。建立陆海统筹的生态系统保护修复和污染防治区域联动机制。[①]高效的生态执法体制以建立权责统一、权威高效的依法行政体制为目标，以增强执法的统一性、权威性和有效性为重点，整合相关部门生态环境保护执法职能，统筹执法资源和执法力量，推动建立生态环境保护综合执法队伍，坚决制止和惩处破坏生态环境行为，为打好污染防治攻坚战、建设美丽中国提供坚实保障。[②]

（三）公正司法

习近平总书记指出："司法体制改革对推进国家治理体系和治理能力现代化具有十分重要的意义。"[③]"深化司法体制改革，建设公正高效权威的社会主义司法制度，是推进国家治理体系和治理能力现代化的重要举措。"[④]国家治理现代化的重要标志是提升司法在国家治理体系中的地位，更好地发挥司法在国家治理中的重要功能。

生态环境事关民生福祉，美丽中国需要司法保护。党的十九大报告中指出，深化司法体制综合配套改革，努力让人民群众在每一个司法案件中感受到公平正义。司法是维护社会公平正义的最后一道防线。习近平总书记指出："公正是司法的灵魂和生命。"[⑤]促进社会公平正义是司法工作的核心价值追求，司法机关

---

①中共中央关于全面深化改革若干重大问题的决定 [N]. 人民日报，2013-11-16（001）.

②关于深化生态环境保护综合行政执法改革的指导意见 [EB/OL]http：//fzb.sz.gov.cn/xxgk/qt/gzdt/201812/t20181219_14925016.htm，2018-12-19.

③坚持严格执法公正司法深化改革 促进社会公平正义保障人民安居乐业 [N]. 人民日报，2014-01-09（001）.

④以提高司法公信力为根本尺度 坚定不移深化司法体制改革 [N]. 人民日报，2015-03-26（001）.

⑤习近平.决胜全面建成小康社会 夺取新时代中国特色社会主义伟大胜利 [N]. 人民日报，2017-10-28（001）.

是维护社会公平正义的最后一道防线。围绕公平正义这一核心价值，我国司法担当着"权利救济""定分止争""制约公权"的功能。[①]我国生态法治建设的推进，迫切需要司法的参与，生态法制体系的日趋完善也为生态司法提供了更加有力的立法支持。生态司法能促进和保障环境资源法律的全面正确施行，用统一司法裁判尺度切实维护人民群众生态权益，积极回应人民群众对环境保护和资源权益问题的司法期待，在全社会培育和树立尊重自然、顺应自然、保护自然的生态文明新理念，遏制环境形势的进一步恶化，切实保障国家生态安全，提升中国在环境保护方面的国际形象等，为生态文明建设提供坚强有力的司法服务和保障。

（四）全民守法

习近平总书记指出："坚持依法治国、依法执政、依法行政共同推进，坚持法治国家、法治政府、法治社会一体建设。"[②]法治国家与法治社会是互为依存、相辅相成的，法治国家引领法治社会，法治社会为法治国家构筑坚实的社会基础。[③]全民守法体系的建设是法治社会建设的核心议题，以弘扬社会主义法治精神，建设社会主义法治文化，增强全社会厉行法治的积极性和主动性，形成守法光荣、违法可耻的社会氛围，使全体人民都成为社会主义法治的忠实崇尚者、自觉遵守者、坚定捍卫者。[④]

生态文明是人民群众共同参与共同建设共同享有的事业，要广泛动员人民群众积极参与生态环境保护工作。在党的领导下，广泛动员各方力量，群策群力，群防群治，打一场污染防治攻坚的人民战争。其一，要将社会主义生态文明观保护纳入国民教育体系和党政领导干部培训体系，加强生态法治知识和科学知识宣传普及，倡导简约适度、绿色低碳的生活方式，引导全社会增强法治意识、生态意识、环保意识、节约意识，自觉履行生态环境保护法定义务，培育生态道德和行为准则，自觉践行绿色生活。其二，坚持党委领导、政府主导、企业主体、公众参与的现代国家生态治理格局，构建全民共建共享的生态法治参与体系。要健

---

①张文显.习近平法治思想研究（下）——习近平全面依法治国的核心观点 [J].法制与社会发展，2016，22（04）.

②习近平.在首都各界纪念现行宪法公布施行 30 周年大会上的讲话 [N].人民日报，2012-12-05（002）.

③张文显.习近平法治思想研究（下）——习近平全面依法治国的核心观点 [J].法制与社会发展，2016，22（04）.

④中共中央关于全面推进依法治国若干重大问题的决定 [N].人民日报，2014-10-29（001）.

全生态环保信息强制性披露制度，依法公开环境质量信息和环保目标责任，保障人民群众的知情权、参与权、监督权。其三，充分发挥各类媒体的舆论监督作用，曝光突出生态环境问题，报道整改进展情况。要完善公众监督、举报反馈机制和奖励机制，保护举报人的合法权益，鼓励群众用法律的武器保护生态环境，使尊法、信法、守法、用法、护法成为全体人民的共同追求，形成崇尚生态文明、保护生态环境的社会氛围。①

习近平总书记在全国生态环境保护大会上指出，要建设一支生态环境保护铁军，政治强、本领高、作风硬、敢担当，特别能吃苦、特别能战斗、特别能奉献。打好污染防治攻坚战，是得罪人的事。各级党委和政府要关心、支持生态环境保护队伍建设，主动为敢干事、能干事的干部撑腰打气。②

实践证明，生态环境保护能否落到实处，关键在领导干部。一些重大生态环境事件背后，都有领导干部不负责任、不作为的问题，都有一些地方环保意识不强、履职不到位、执行不严格的问题，都有环保有关部门执法监督作用发挥不到位、强制力不够的问题。新时代生态文明建设要与全面从严治党伟大工程有机融合，通过制度建设抓好领导干部这个关键少数，打造一支生态环境保护铁军。通过建立领导干部任期生态文明建设责任制，实行自然资源资产离任审计，认真贯彻依法依规、客观公正、科学认定、权责一致、终身追究的原则。各级党委和政府要切实重视、加强领导，纪检监察机关、组织部门和政府有关监管部门要各尽其责、形成合力。一旦发现需要追责的情形，必须追责到底，决不能让制度规定成为没有牙齿的老虎。③这也是在生态法治领域坚持党的领导，党保证执法、支持司法的具体体现。党的领导是中国特色社会主义最本质的特征，是社会主义法治最根本的保证。保证执法是确保体现党的意志和人民利益的法律正确实施的关键。党委及其政法委要带头在宪法法律范围内活动，为独立公正司法创造良好的制度环境和社会环境，支持司法机关依法独立公正行使司法权。④

---

①全国人民代表大会常务委员会关于全面加强生态环境保护 依法推动打好污染防治攻坚战的决议 [EB/OL].http：//www.xinhuanet.com/2018-07/10/c_1123106900.htm，2018-07-10.

②习近平 . 推动生态文明建设迈上新台阶 [J]. 求是，2019（3）.

③推动形成绿色发展方式和生活方式 为人民群众创造良好生产生活环境 [N]. 人民日报，2017-05-28（001）.

④张文显 . 习近平法治思想研究（中）——习近平法治思想的一般理论 [J]. 法制与社会发展，2016，22（03）.

三、综合治理原则

综合治理原则是新时代绿色治理方式的总规定，即绿色治理要综合统筹多种治理手段和方式进行。新时代绿色综合治理首先体现为党组织在治理中的统合作用，通过党的领导体制实现对生态环境的综合治理。其次，绿色综合治理体现为在具体生态环境执法过程中实现一种综合性执法，打破生态环境行政的部门壁垒，统合执法资源，形成治理合力。最后，绿色综合治理体现为实现生态法治和生态德治的综合，综合运用除法律外的其他手段来进行生态环境治理。《决定》要求："坚持综合治理，强化道德约束，规范社会行为，调节利益关系，协调社会关系，解决社会问题。"①这就是强调在现代国家治理的过程中，要充分重视发挥道德作为非强制性的社会规范的重要作用，发挥好"软治理"手段的职能。

（一）党委统筹

中国共产党领导是中国特色社会主义最本质的特征，是中国特色社会主义制度的最大优势，党是最高政治领导力量。必须坚持党政军民学、东西南北中，党是领导一切的，坚决维护党中央权威，健全总揽全局、协调各方的党的领导制度体系，把党的领导落实到国家治理各领域各方面各环节。②党在国家治理中具有总揽全局、协调各方的制度优势，是实现绿色综合治理最为根本的政治保证。

党在绿色综合治理首先体现为在政治纲领中确定生态文明综合治理的原则理念。政治纲领性文件是国家治理的根本遵循，而生态文明建设的综合治理原则一直是党的纲领性文件以及其他政治文件的重要内容，尤其党的十八大之后的综合治理成为了党中央关于生态文明建设的主题词。生态文明第一次出现在党的政治报告中是在党的十七大报告中，这是"生态文明"首次写入党代会报告，也首次明确了生态文明建设走"生产发展、生活富裕、生态良好"综合治理道路。在党的十八大报告中明确指出："把生态文明建设放在突出地位，融入经济建设、政治建设、文化建设、社会建设各方面和全过程，努力建设美丽中国，实现中华民族永续发展。"③生态文明在党的十八大报告中被纳入中国特色社会主义建设

①中共中央关于全面深化改革若干重大问题的决定 [N]. 人民日报，2013-11-16（001）.

②习近平谈治国理政·第三卷 [M]. 北京：外文出版社，2020：125.

③胡锦涛. 坚定不移沿着中国特色社会主义道路前进 为全面建成小康社会而奋斗 [N]. 人民日报，2012-11-18（001）.

总体布局之中，强调中国特色社会主义既是经济富裕、政治民主、文化先进、社会和谐的社会主义，也应该是生态环境良好的社会主义；同时明确指出中国特色社会主义生态文明建设的突出位置，要统领和融入到"五位一体"的总体布局建设之中，生态文明建设要与经济、政治、文化、社会实现综合治理的原则也首次明确。党的十九大报告中指出，我们要建设的现代化是人与自然和谐共生的现代化，既要创造更多物质财富和精神财富以满足人民日益增长的美好生活需要，也要提供更多优质生态产品以满足人民日益增长的优美生态环境需要。必须坚持节约优先、保护优先、自然恢复为主的方针，形成节约资源和保护环境的空间格局、产业结构、生产方式、生活方式，还自然以宁静、和谐、美丽……建成富强民主文明和谐美丽的社会主义现代化强国。[①]十九大报告将生态文明综合治理的原则进一步具体和明确，一方面在新时代社会主要矛盾变化的背景之下再次强调在"五位一体"总体布局之中推进生态文明建设；另一方面将生态文明综合治理的原则细化为"空间格局、产业结构、生产方式、生活方式"的协同推进。党的政治领导就是将马克思主义普遍原理和中国实际结合起来，在革命和建设的各个阶段上，提出明确的政治任务、政治目标和政治方向，制定实现这种任务、目标、方向的路线、方针和政策，动员、组织、带领人民群众共同奋斗。中国共产党全国代表大会的政治报告是我们党治国理政极为重要的政治纲领性文件，是实现党的政治领导的有效方式。通过在党代会报告中明确生态文明综合治理的原则，可以使之成为新时代生态文明建设的基本遵循和行动指南。

　　党在绿色综合治理还体现在党的组织机构设置上。组织机构是生态文明建设的主要执行者和主要推动力。生态文明建设是一项系统工程，要融入经济建设、政治建设、文化建设和社会建设各方面和全过程。生态文明建设融入"四大建设"，首先要融入"四大建设"相关职能部门的工作之中。生态文明建设不可能由一个部门或几个部门来完成，必须部门间形成合力。由于政府职能部门工作任务各有侧重，在共同推进生态文明建设过程中不可避免会出现条块分割、权责不明、沟通不畅等问题。通过党组织的协调统筹，有利于打破部门之间的障碍甚至壁垒，促进党政机关各职能部门形成推进生态文明建设的合力。党的十八大之后，成立中央全面深化改革领导小组（简称为深改小组），负责改革的总体设计、统筹协

──────────

　　①习近平.决胜全面建成小康社会 夺取新时代中国特色社会主义伟大胜利 [N].人民日报，2017-10-28（001）.

调、整体推进、督促落实，其中生态文明体制改革是其主要职责，专设了经济体制和生态文明体制改革专项小组，并排在六个专项小组的第一位，足以体现中央对生态文明建设和环境保护的高度重视，也足以体现生态文明体制改革的迫切程度。"总体设计、统筹协调、整体推进"是深改小组的工作原则，可以视综合治理原则的另一表述。经济体制和生态文明体制改革专项小组是新时代党领导生态文明建设的专门性综合性机构，研究确定生态文明体制改革的重大原则、方针政策、总体方案；统一部署全国性重大生态文明改革；统筹协调处理全局性、长远性、跨地区跨部门的重大生态改革问题；指导、推动、督促中央有关生态文明重大改革政策措施的组织落实。

2015 年党中央颁布了《党政领导干部生态环境损害责任追究办法（试行）》，其中第三条规定"地方各级党委和政府对本地区生态环境和资源保护负总责，党委和政府主要领导成员承担主要责任，其他有关领导成员在职责范围内承担相应责任"。[1]该规定首次明确了在生态文明建设中，党政同责的原则，改变了以往以"问责政府"为主的生态治理政治责任模式，开启了党政综合治理的"双领导制"模式。党政同责的模式是新时代党治国理政的重要经验之一，缘起于 2013 年习近平总书记指出要强化各级党委和政府的安全监管职责，要求党政同责、一岗双责、齐抓共管，由此开启了公共治理领域的党政同责制度化建设。经过实践，党政同责制度取得了积极的效果，随后便被引入了脱贫攻坚以及生态治理领域。党政同责包括两层含义：一是职责层面的，即党委和政府共同负责；二是责任层面的，即党委和政府要共同承担责任[2]。为落实生态文明建设的党政同责，近年来各省市纷纷成立了党委书记和政府负责人共同担任组长的生态环境保护委员会。"双组长制"的生态环境委员会旨在以贯彻落实党中央、国务院关于生态文明建设和生态环境保护工作的重大决策部署，统筹协调各地区生态环境保护工作重大问题，强化综合决策，形成工作合力，推进各地区生态文明建设和生态环境保护工作进一步开展。各地生态环境保护委员会由党委委书记、地方政府负责人任主任，常务副省（市）长、分管副省（市）长任副主任，负有生态环境保护职责的部门及有关单位、组织、机构主要负责同志为成员。委员会办公室设在生态环境

---

① http://www.gov.cn/zhengce/2015-08/17/content_2914585.htm.

②梁忠. 从问责政府到党政同责——中国环境问责的演变与反思 [J]. 中国矿业大学学报（社会科学版），2018，20（01）：42-50.

厅（局）。生态环境保护委员会的成立，对于进一步落实生态环境保护"党政同责""一岗双责"，统筹协调生态环境保护重大问题，深化生态环境保护体制机制改革，完善生态环境保护工作体系，构建"大生态、大环保"工作格局，将起到积极的推动和保障作用。

（二）综合执法

行政执法是现代国家生态治理的主要方式和主要手段。生态系统是由不同的生态要素组成的，不同的生态要素之间互相联系。但是我国的传统的生态环境行政管理体制脱胎于计划经济体制，延续了条块分割的管理方式，把生态管理的职能根据生态要素分割为不同的部门管理，没有整体性的综合管理机构和整体性的制度规范，在日常管理之中主要依据部门立法。单项性的部门立法往往是出于单一的生态要素管理的目的，而且其中必然会受制于官僚机制的部门利益的左右，不可能形成生态的整体性治理，这形成了我国生态文明建设中依赖单项性的技术性制度治理而忽视综合性治理的"路径依赖"。

党的十八届三中全会《中共中央关于全面深化改革若干重大问题的决定》明确要求，整合执法主体，相对集中执法权，推进综合执法，着力解决权责交叉、多头执法问题，加强食品药品、安全生产、环境保护、劳动保障、海域海岛等重点领域基层执法力量。[1]党的十八届四中全会《中共中央关于全面推进依法治国若干重大问题的决定》明确要求，推进综合执法，大幅减少市县两级政府执法队伍种类，重点在食品药品安全、工商质检、公共卫生、安全生产、文化旅游、资源环境、农林水利、交通运输、城乡建设、海洋渔业等领域内推行综合执法，有条件的领域可以推行跨部门综合执法。[2]党的十八届三中、四中全会将深化行政体制改革作为全面深化改革、全面推进依法治国的重要举措，提出新要求，作出新部署，生态环境成为其中的重要议题，生态环境综合执法改革呼之欲出。党的十九届三中全会着眼于党和国家事业发展全局，对深化党和国家机构改革作出具体部署，强调深化行政执法体制改革。要求统筹配置行政处罚职能和执法资源，相对集中行政处罚权，整合精简执法队伍，解决多头多层重复执法问题。要求组建生态环境保护综合行政执法队伍，整合环境保护和国土、农业、水利、海洋等部门相关污染防治和生态保护执法职责、队伍，统一实行生态环境保护执法。

---

[1]中共中央关于全面深化改革若干重大问题的决定 [N].人民日报，2013-11-16（001）.

[2]中共中央关于全面推进依法治国若干重大问题的决定 [N].人民日报，2014-10-29（001）.

2018 年 12 月中共中央办公厅、国务院办公厅印发《关于深化生态环境保护综合行政执法改革的指导意见》（以下简称《指导意见》）。《指导意见》要求深化生态环境保护综合行政执法改革，统筹执法资源和执法力量，整合相关部门生态环境保护执法职能，组建生态环境保护综合执法队伍。总体目标为有效整合生态环境保护领域执法职责和队伍，科学合规设置执法机构，强化生态环境保护综合执法体系和能力建设。到 2020 年基本建立职责明确、边界清晰、行为规范、保障有力、运转高效、充满活力的生态环境保护综合行政执法体制，基本形成与生态环境保护事业相适应的行政执法职能体系。[①]2015 年党的十八届五中全会同时还确定了实行省以下环保机构监测监察执法垂直管理制制。2016 年中办、国办印发改革试点工作的指导意见，部署启动了省以下环保机构监测监察执法垂直管理改革，目的是建立健全条块结合、各司其职、权责明确、保障有力、权威高效的地方环保管理体制，确保环境监测监察执法的独立性、权威性、有效性。强化地方党委和政府及其相关部门的环境保护责任，注意协调处理好环保部门统一监督管理和属地主体责任、相关部门分工负责的关系，规范和加强地方环保机构和队伍建设，建立健全高效协调的运行机制。这次改革致力于解决现行以块为主的地方环保管理体制存在的难以落实对地方政府及其相关部门的监督责任、难以解决地方保护主义对环境监测监察执法的干预、难以适应统筹解决跨区域跨流域环境问题的新要求、难以规范和加强地方环保机构队伍建设等四个突出问题。目前全国三十一个省区市都已出台政府部门生态环境保护责任分工规定，建立了专司"督政"的环境监察体系，强化对市县两级党委政府及其相关部门的监督。地市级环保局领导班子成员任免由以地市为主调整为以省级环保部门为主，县级环保局成为市级环保局的派出机构。同时，生态环境质量监测事权"上收"，把现有市级生态环境监测机构调整为省级环保厅（局）驻市生态环境监测机构，提高了监测数据的质量。

（三）德法共治

坚持依法治国和以德治国相结合的综合治理是推进国家治理体系和治理能力现代化的主要原则和方式。习近平总书记指出，法律是准绳，任何时候都必须遵循；道德是基石，任何时候都不可忽视。在新的历史条件下，我们要把依法治

---

① 国务院办公厅关于生态环境保护综合行政执法有关事项的通知 [EB/OL].http：//www.chinanews.com/gn/2020/03-09/9119034.shtml.

国基本方略、依法执政基本方式落实好，把法治中国建设好，必须坚持依法治国和以德治国相结合，使法治和德治在国家治理中相互补充、相互促进、相得益彰，推进国家治理体系和治理能力现代化。①党的十八届四中全会通过的《中共中央关于全面深化改革若干重大问题的决定》指出：必须坚持依法治国与以德治国相结合，必须坚持一手抓法治、一手抓德治，既要以法治体现道德理念、强化法律对道德建设的促进作用，又要以道德滋养法治建设、强化道德对法治建设的支撑作用②。习近平总书记在主持十八届中央政治局第三十七次集体学习时强调，法律是准绳，任何时候都必须遵循，道德是基石，任何时候都不可忽视③。在新时代生态文明建设中要实现实现依法治国和以德治国相结合，一方面要重视发挥道德对人民的教化作用，通过道德教化来保证生态文明法律制度的实施，培育现代生态法治社会；另一方面，要坚持生态法治是现代国家生态治理的主要途径和模式，坚持法治国家、法治政府、法治社会一体建设，确保社会主义生态文明观尤其是习近平生态文明思想有机融入到生态文明法治建设中，建设具有中国特色的生态治理体系。

　　生态文明建设领域的德法共治的实践主要有两方面：一方面是从法治的角度而言，以社会主义生态道德伦理规约法律的创制，即生态法律制度应该是良好的法律，唯有良法才有可能实现善治；另一方面是从德治的角度而言，以社会主义生态法治引领社会主义生态文明观的培育，加快建立健全以生态价值观念为准则的生态文化体系。

　　法律是治国之重器，良法是善治之前提。习近平总书记指出："小智治事，中智治人，大智立法。治理一个国家、一个社会，关键是要立规矩、讲规矩、守规矩。"④十九大报告要求科学立法、民主立法、依法立法，以良法促进发展、保障善治⑤。质量是立法的生命线，是良法之前提。世界首份环境法治报告

---

①习近平谈治国理政（第二卷）[M]. 北京：外文出版社，2017-133.

②中共中央关于全面深化改革若干重大问题的决定 [N]. 人民日报，2013-11-16（001）.

③习近平主持中共中央政治局第三十七次集体学习 [EB/OL].http：//www.gov.cn/xinwen/2016-12/10/content_5146257.htm，2016-12-10.

④中共中央文献研究室. 习近平关于协调推进"四个全面"战略布局论述摘编 [M]. 北京：中央文献出版社，2015：110.

⑤习近平. 决胜全面建成小康社会 夺取新时代中国特色社会主义伟大胜利 [N]. 人民日报，2017-10-28（001）.

（Environmental Rule of Law-First Global Report）指出，环境法治的前提是公平、明确和可实施的法律。[①]推动绿色发展，建设生态文明，重在建章立制，用最严格的制度、最严密的法治保护生态环境，健全自然资源资产管理体制，加强自然资源和生态环境监管，推进环境保护督察，落实生态环境损害赔偿制度，完善环境保护公众参与制度。[②]党的十八大以来，新时代中国特色社会主义生态法治建设以习近平生态文明思想为指导，在"法治国家、法治政府、法治社会"和"科学立法、严格执法、公正司法、全面司法"的社会主义法治道路中稳步实现习近平总书记生态法治观的制度化，稳步推进中国特色社会主义生态法治体系建设。第一，明确了生态文明宪法地位。"生态文明"在2018年通过的《中华人民共和国宪法修正案》被写入《中华人民共和国宪法》（以下简称《宪法》）第七自然段中，将"推动物质文明、政治文明和精神文明协调发展，把我国建设成为富强、民主、文明的社会主义国家"修改为"推动物质文明、政治文明、精神文明、社会文明、生态文明协调发展，把我国建设成为富强民主文明和谐美丽的社会主义现代化强国，实现中华民族伟大复兴"。第八十九条第六款国务院行使下列职权由"（六）领导和管理经济工作和城乡建设"修改为"（六）领导和管理经济工作和城乡建设、生态文明建设"。修改后两个条文与《宪法》第九条、第十条、第二十六条等条款构成了《宪法》中的"生态条款"。生态文明正式写入国家根本法，实现了党的主张、国家意志、人民意愿的高度统一。生态文明写入宪法尤其将美丽作为社会主义强国的目标之一，成为社会主义中国的生态政治宣言，为新时代中国特色社会主义建设明确了方向，作为治国安邦总章程将成为国家发展所必须遵循的基本纲领，为新时代中国特色社会主义生态文明建设提供全面的、根本的法律保障。第二，生态法律制度体系基本形成。党的十八大以来，以习近平总书记为核心的党中央加快推进生态文明顶层设计和制度体系建设，相继出台《关于加快推进生态文明建设的意见》《生态文明体制改革总体方案》《关于全面加强生态环境保护坚决打好污染防治攻坚战的意见》《全国人民代表大会常务委员会关于全面加强生态环境保护依法推动打好污染防治攻坚战的决议》，制定

---

① Environmental Rule of Law-First Global Report[EB/OL].https：//www.unenvironment.org/news_and_stories/press_release/dramatic_growth_laws_protect_environment_widespread_failure_enforce_finds_report，2019-01-24.

② 推动形成绿色发展方式和生活方式为人民群众创造良好生产生活环境[N].人民日报，2017-05-28（001）.

实施 40 多项涉及生态文明建设的改革方案，深入实施大气、水、土壤污染防治三大行动计划，从总体目标、基本理念、主要原则、重点任务、制度保障等方面对生态文明建设进行全面系统地部署安排。2015 年 9 月 11 日，习近平总书记主持中共中央政治局召开会议通过了《生态文明体制改革总体方案》，方案设定了我国生态立法的重点领域：自然资源资产产权制度、国土空间开发保护制度、空间规划体系、资源总量管理和全面节约制度、资源有偿使用和生态补偿制度、环境治理体系、环境治理和生态保护市场体系、生态文明绩效评价考核和责任追究制度等八项制度。①新时代，在以习近平同志为核心的党中央带领下，不断深化生态文明体制改革，生态文明制度的"四梁八柱"已初步建立起来，生态文明建设进入了纳入制度化、法治化轨道。

党的十八大报告中明确提出："加强生态文明宣传教育，增强全民节约意识、环保意识、生态意识，形成合理消费的社会风尚，营造爱护生态环境的良好风气"。②2013 年 5 月 24 日，中共中央政治局第六次集体学习时，习近平总书记再次强调要加强生态文明宣传教育，增强环保意识。③2015 年颁布的《国务院关于加快推进生态文明建设的意见》将"坚持把培育生态文化作为重要支撑"作为新时代生态文明建设的基本原则。2015 年新修订的《中华人民共和国环境保护法》规定，"各级人民政府应当加强环境保护宣传和普及工作"，"教育行政部门、学校应当将环境保护知识纳入学校教育内容"，"新闻媒体应当开展环境保护法律法规和环境保护知识的宣传，对环境违法行为进行舆论监督"。《中共中央关于制定国民经济和社会发展第十三个五年规划的建议》提出，"加强资源环境国情和生态价值观教育，培养公民环境意识，推动全社会形成绿色消费自觉"。

新时代生态文明建设要将生态文明纳入社会主义核心价值体系，加强生态文化的宣传教育，倡导勤俭节约、绿色低碳、文明健康的生活方式和消费模式，提高全社会生态文明意识，为生态法治提供良好的社会文化支撑。目前，我国的生态环境宣传教育的现状与新时代生态文明建设的快速发展还存在一定差距：一是在应对公共事务、与公众有效沟通等方面能力不足；二是对传统媒体和新

①中共中央国务院印发《生态文明体制改革总体方案》[N].经济日报，2015-09-22（002）.

②胡锦涛.坚定不移沿着中国特色社会主义道路前进 为全面建成小康社会而奋斗[N].人民日报，2012-11-18（001）.

③新华网. 习近平主持中共中央政治局第六次集体学习. http://news.xinhuanet.com/video/2013-05/24/c_124761554.htm，2013-05-24.

兴媒体融合发展适应性不足；三是宣传教育手段创新突破不足；四是生态文化产品供给能力不足。与此同时，还存在着环境改善的复杂性、艰巨性、长期性，环境保护优化经济发展的紧迫性、必要性，需要得到公众的理解和支持；新媒体的快速发展、网络舆论环境日益复杂，环境信息的传播形式和方法亟待调整；人民群众对生态文化产品的需求不断增强，生态文化公共服务体系建设任重道远等多方面的挑战。①

生态文明教育是实现德法共治的重要抓手。生态文明建设正处于关键期、攻坚期和窗口期。生态文明教育要充分发挥教育的基础性、先导性和全局性作用，落实立德树人根本任务，以改革创新的精神状态和工作思路，推动教育理念、教学目标、教学内容、教学方法的一系列转变，构建以学校教育为基础、覆盖全社会的生态文明教育体系，提升民众的生态文明素养，为生态文明建设提供全方位的人才、智力和精神文化支撑。中国特色社会主义生态文明教育是绿色发展中国方案的主要内容，必须要马克思主义的立场、观点、方法，必须要坚持习近平生态文明思想为指导思想，充分发挥教育对生态文明建设基础性、先导性和全局性价值，推进以生态价值观念为准则的生态文化体系的建立和绿色发展方式和生活方式全面的形成。

新时代开展生态文明教育应遵循以下基本原则：（1）民族特色与国际经验相统一。生态文明教育要以人类文明史的高站位和人类命运共同体的新理念为指引，善于融通马克思主义的资源、中华优秀传统生态文化的资源、国外生态文明教育的资源，加强生态文明教育国际间的交流与协作，坚持不忘本来、吸收外来、面向未来，彰显社会主义文化自信。（2）理论传授与实践育人相协同。生态文明观培育要在公共参与中实现，在实践中培育和提升。生态文明教育过程中要坚持理论教育和实践锻炼并重，提高思想认识与培养行为习惯相结合，实现理论知识的具体化，将生态知识寓于实践之中，在实践中会提高其生态文明建设的知识和能力，形成良好习惯、科学信念和生态行为习惯，并通过社会交往、文化反哺，影响和辐射更为广阔的人群参与到生态文明建设之中。（3）系统推进与重点突破相衔接。生态文明教育是一个多元系统构成的复杂系统工程，涉及宣传教育、生态环境、组织人事、政法财政等部门和社会组织及个人等不同主体，涵盖学校

---

① 人民网. 环保部等六部委联合发布《全国环境宣传教育行动纲要（2011—2015年）》. http://politics.people.com.cn/GB/1027/14745114.html，2011-05-26.

教育、家庭教育、社会教育等多方面，是一个多学科、多领域、多系统的历史性命题，须从多方着手，群策群力，协同作用。当前加强生态文明教育的关键是要充分发挥学校教育的基础性作用，智育、德育、法育、美育协同发力，进而辐射和影响全社会生态文明素质的普遍提升。（4）尊重规律与改革创新相促进。生态文明教育需采用符合教育规律、符合学生身心发展规律的方法进行，将生态文明教育的知识性规律与生态文明素质能力生成规律和道德养成规律并重。生态文明教育更应主动与国家教育事业的重大战略部署、教育领域的重大创新工程与方法对接，充分利用网络时代教育资源，创新教育方式方法，丰富教育内容，打造教育品牌，为推进生态文明建设凝心聚力，营造氛围。（5）总体要求与地方实际相结合。生态文明教育要按照不同区域特点和主体特征开展，实事求是，因地制宜地开展生态文明教育活动。不同的区域所面临的主要生态环境问题和任务有所差异，所具备的生态文明教育资源也不尽相同，不同教育主体要坚持灵活性和统一性原则，在国家生态文明教育的总体规划和原则指导下，结合本地实际，对生态文明教育的内容进行合理安排，并适当调整补充。改革生态教育的突破点的就应当置于青少年的生态教育之中，总结各地各部门环境教育立法实践，适时修订《中小学环境教育专题教育大纲》和《中小学环境教育实施指南（试行）》。中小学相关课程中加强环境教育内容要求，促进环境保护和生态文明知识进课堂、进教材。同时，积极发挥全国中小学环境教育社会实践基地的作用，通过实践加强青少年直接的生态体验。这要求充分发挥我国现有生态文明教育基地体系，实现理论知识的具体化，在生态知识予以实践之中。[①]

四、源头治理原则

源头治理就是要求"标本兼治、重在治本"式的治理，从根本上解决公共治理的难题，进而实现和谐稳定的长效有序发展。生态文明建设领域中的源头治理是指以人与自然和谐共生为指向，将治标与治本有机结合起来，解决环境污染、生态破坏等绿色治理中的失序问题。绿色源头治理的主体是经济发展方式的绿色转型，生态危机就其本质而言是现代化生产方式的附属品，唯有实现发展方式的变革就不能从根本上避免生态危机发生的可能。其次，源头治理的实现方式和手段是社会主义生态民主体系建设，以生态权益为核心、以民主制度体系为载体，

---

① 郭永园 . 协同发展视域下的中国生态文明建设研究 [D]. 湖南大学，2015.

构建现代国家生态治理共同体。再次，源头治理的目的归宿是实现生态正义、增进生态民生福祉，在绿色治理领域践行以人民为中心的发展观。

（一）经济为体

马克思认为经济活动是人类的基本活动，制约着整个社会生活、政治生活和精神生活。因此，对一个社会结构的考察必须要从经济结构入手，进而厘清经济结构与其他社会结构之间的关系。每一历史时代主要的经济生产力方式和交换方式以及必然由此产生的社会结构，是该时代政治的和精神的历史所赖以确立的基础，并且只有从这一基础出发，这一历史才能得到说明[①]。作为一种具有多重复杂结构的整体，生态文明首先是通过一定的物质文明的形式表现出来的。只有在生态文明提供的良好的自然物质条件的基础上，物明才能将自然物质条件转换为经济物质基础，才能为整个人类文明系统提供厚实的物质基础。在物质文明支持生态文明发展的同时，生态文明为物质文明的发展提供了新的机遇和可能[②]。资本主义社会生产没有关注到或者说是不可能也不会关注到生态文明和物质文明之间的辩证关系。在无限制地追求资本增值的、财富积累的过程中，虽然创造了巨大的社会财富、实现了生产力的飞速发展，但是伴随而来的是周期性的经济危机和愈演愈烈的生态危机。因此，部分马克思主义生态学者以及生态学马克思主义学者提出，资本主义和生态文明之间的关系本质上冲突的不可调和的，要解决生态危机必须实现社会制度的根本变革。习近平总书记坚持马克思主义生态文明思想为指导，在吸取西方国家生态治理的经验教训基础之上，提出了"既要绿水青山，也要金山银山。宁要绿水青山，不要金山银山，而且绿水青山就是金山银山"的生态经济治理理念，目的就是从发展方式上实现对生态危机的源头治理。绿水青山既是自然财富、生态财富，又是社会财富、经济财富。保护生态环境就是保护生产力，改善生态环境就是发展生产力。必须坚持和贯彻绿色发展理念，平衡和处理好发展与保护的关系，推动形成绿色发展方式和生活方式，坚定不移走生产发展、生活富裕、生态良好的文明发展道路。[③]绿水青山就是金山银山，阐述了经济发展和生态环境保护的关系，揭示了保护生态环境就是保护生产力、改善

---

①马克思恩格斯选集（第一卷）．北京：人民出版社，1995，385.

②张云飞．唯物史观视野中的生态文明 [M].中国人民大学出版社，2014：288.

③中共中央 国务院关于全面加强生态环境保护 坚决打好污染防治攻坚战意见 [N]，人民日报，2018—06—25（1）.

生态环境就是发展生产力的道理，指明了实现发展和保护协同共生的新路径。绿水青山既是自然财富、生态财富，又是社会财富、经济财富。保护生态环境就是保护自然价值和增值自然资本，就是保护经济社会发展潜力和后劲，使绿水青山持续发挥生态效益和经济社会效益。

　　坚持"两山论"，实现源头治理首先就是要实现经济增长动力的绿色转型。技术创新是经济发展的动力和源泉，是实现经济高速发展的助推器。但是传统的技术创新是以实现经济增长为目标的技术革新，导致了传统的技术创新是一种仅关注经济效应的单向度的技术创新。在资本追求利益最大化本性的趋势下，这种单向度的技术创新为经济增长做出贡献的同时由于无视环境保护也产生了极为严重的生态危机，严重制约了经济社会的可持续发展和人的自由全面发展。生态文明建设背景下，技术创新要实现绿色转型，即以生态化的技术创新推动经济实现整体的绿色转型。生态化技术创新是在以经济增长为中心的前提下追求自然生态平衡、社会生态和谐有序和人的全面发展的创新活动，包括创新目标的生态化和技术本身的生态化。[①]按照技术创新的目的，生态化技术创新可以划分为自然生态化技术创新、经济生态化技术创新、社会生态化技术创新、人性化技术创新。自然生态化技术创新是指遵循自然规律，以维护生态平衡、保护自然环境为主要目标而设计、研发的具有生态效益的技术或产品，如大气污染防治技术创新、清洁能源技术创新、新能源技术创新等。经济生态化技术创新是以促进经济高质量增长为主要目标而设计、研发的具有较高经济效益的技术或产品，如信息技术创新、新材料技术创新等。社会生态化技术创新是指遵循社会发展规律，以创造良好的社会环境、推动社会进步和谐为主要目标而设计、研发的具有一定社会效益的技术或产品，如危险源或恐怖源探测监测、精确定位、信息获取、预警和应急处理技术创新，国家一体化公共安全应急决策指挥平台集成技术创新等。人性化技术创新是指尊重人自身的发展规律，围绕人的多方面、多层次需求，根据人的行为习惯、生理结构、心理状况、精神面貌、思维方式等研发的与人的本性相适宜、相和谐的技术或产品，如数字化医疗技术创新，食品污染防控智能化技术创新等。生态化技术创新立足于自然生态平衡协调、社会生态和谐有序以及人的全面发展的目标，以人文关怀统领技术创新活动，通过开发生态技术，研发生态产品，实现生态营销和生态消费。同时，在各个行业和领域推进生态化技术创新，

---

①彭福扬，刘红玉. 实施生态化技术创新促进社会和谐发展 [J]. 中国软科学，2006，04：98−102.

推动着产业结构的转型和优化,促进了整个社会经济发展方式的生态化技术网络,为生态文明建设奠定物质技术基础。[①]

坚持"两山论",实现源头治理还要实现经济生态与经济社会发展的综合决策。生态文明建设是一个综合性系统,生态问题的发生与经济、政治、社会和文化等社会活动有着直接的关系。除去自然灾害,生态危机的产生就是由人类社会发展所导致,其中政府决策不当甚至失误是环境污染最为直接的作用力,而究其根源就在于发展政策的制定、发展计划的形成以及重大行动的拟议过程中对生态系统的关照不够。因此,在源头上将生态文明的理念、原则融入和统领到经济社会发展的相关决策中就成为生态文明制度设计的应有之义。1989年版的《环境保护法》只在第四条规定,"国家制定的环境保护规划必须纳入国民经济和社会发展计划,国家采取有利于环境保护的经济、技术政策和措施,使环境保护工作同经济建设和社会发展相协调"。[②]但还只是一种理念的宣誓和倡导,属于原则性规范,因而并不具有直接的法律约束力。同时也缺乏相应的具体性、可操作的实施细则性的制度规范予以支持,使得生态与发展综合决策停留在法律原则的理念层面。环境影响评价制度(Environmental Impact Assessment)的缺失是阻碍生态与发展综合决策实现的一个主要的制度性因素。环境影响评价是进行综合决策的主要参考依据,是生态与发展综合决策的基础性制度。环境影响评价是指对规划和建设项目实施后可能造成的环境影响进行分析、预测和评估,提出预防或者减轻不良环境影响的对策和措施,进行跟踪监测的方法与制度[③]。现行的《环境影响评价法》仅将环境影响评价限定于规划和建设项目,不仅没有对我国经济社会发展发挥主要决策作用的政策环境评价作出规定,而且将规划的环境评价也限制于"土地利用的有关规划,区域、流域、海域的建设、开发利用规划",对我国综合规划中地位最高、作用最大的"国民经济和社会发展计划"也没有纳入其中。"国民经济和社会发展计划"的具体实施部门是国家发展和改革委员会,其在计划编制的过程中主要关注的经济指标,而对生态指标的考虑十分有限。目前正在进行"十三五"规划的编制工作,虽然党和国家将生态文明建设置于社会主义建设重要组成,统领整个社会建设,但是

---

① 郭永园. 协同发展视域下的中国生态文明建设研究 [D]. 湖南大学,2015.

② 环境保护法 [EB/OL].http://www.chinalawinfo.com,1989-12-26.

③ 中华人民共和国环境影响评价法 [EB/OL].http://news.xinhuanet.com/zhengfu/2002-10/29/content_611415.htm,2002-10-29.

由于缺乏可操作性的实施细则而难以显示其统领的目标。在规划评价的实际操作中，生态文明对综合性规划的重要性弱于社会稳定。基于现实的需要，诸多政府决策规划中目前会将社会稳定评价作为必需的前置，考量以避免引起社会冲突。在《环境影响评价法》适用的环境评价中还存在环评机构专业性和独立性缺乏、环评的社会参与度较低、环评信息公开有限等问题。2014年修订的《环境保护法》在原有的环境影响评价制度基础上，在第十八条、十九条将环境影响评价的范围扩大到了开发利用规划，明确禁止了"未评先建行为"，在一定程度上完善了环境评价制度，但是还需要更为具体的操作细则。

（二）民主为用

人民当家作主是社会主义政治文明的本质和核心，民主是社会主义的生命，没有民主就没有社会主义，就没有社会主义的现代化。党的十九大报告中强调，"发展社会主义民主政治就是要体现人民意志、保障人民权益、激发人民创造活力，用制度体系保证人民当家作主"。①社会主义民主在生态文明时代的新形式就是生态民主，生态文明拓展了民主传统范畴，使得民主的发展有了新的内涵。推进国家绿色治理体系和治理能力现代化，实现绿色源头治理，就是通过生态民主建设，推进绿色治理的制度化、规范化、程序化，以制度确保实现生态问题的根本治理。

生态民主建设通常是指社会公众享有在生态文明建设中的参与和决策的资格，并据此享有和承担法律上的权利和义务，是人民当家作主的社会主义国家本质在生态文明建设领域的存在形态。

生态民主建设对社会主义生态文明建设有积极的作用。其一，生态民主建设有助于实现最广泛的人民民主，为广大群众提供利益表达机制，化解环境群体性事件，实现社会秩序的稳定。随着环境意识的觉醒，生态问题成为现在公众最为关注的生计问题。但是由于生态民主建设机制的匮乏，没有对话、沟通、诉求表达机制，近年来由环境引发的群体事件呈现出"井喷式"的增长。1996—2012年，全国环境群体性事件以29%的速度增长。通过生态民主建设建设，构建政府、市场和公民社会之间有效的对话协调机制和政治参与机制，有效减少社会矛盾和摩擦，实现生态文明建设过程的利益最大化，确保社会秩

①习近平.决胜全面建成小康社会 夺取新时代中国特色社会主义伟大胜利 [N].人民日报，2017-10-28（001）.

序的长治久安。其二，生态民主建设实践有助于社会生态意识和生态知识的普及和传播。政治与生态文明建设的协同发展参和与生态知识之间的关系不是传统意义上的"历时"性关系，即进行政治与生态文明建设的协同发展参与必须要具有完备的生态知识，而是一种"共时"或者是互动性的关系，意即生态知识不再是进行政治与生态文明建设协同发展的前提条件，生态知识的增长可以在政治与生态文明建设的协同发展参与的过程中完成实现。其三，生态民主建设有助于避免政府的战略决策失误。据世界银行估计，"七五"到"九五"期间，投资决策失误率在 30% 左右，资金浪费及经济损失大约在 4000 亿—5000亿元，如果按照全社会投资决策成功率 70% 计算，则每年因决策失误而造成的损失为 1200 亿元。二十年来，损失应该在 24000 亿元。其中，仅仅是石油和化工行业在 1979—1999 年这二十年内，因决策失误而造成的损失就不低于 800 亿元。投资决策的失误率就高达 30% 左右，资金浪费及经济损失大约在 4000 亿—5000 亿元。[1]

生态民主建设通过尊重人民在生态文明建设中的主体地位、尊重人民首创精神，就需要离不开人民的创造性实践，离不开各方面提出的真知灼见。

---

[1] 郭永园. 协同发展视域下的中国生态文明建设研究 [D]. 湖南大学，2015.

第三章

绿色治理的领导体系

习近平总书记指出，推进我国生态文明建设迈上新台阶要"坚持党委领导、政府主导、企业主体、公众参与"，充分发挥党的领导和我国社会主义制度能够集中力量办大事的政治优势。① "党委领导、政府主导、企业主体、公众参与"是新时代现代国家生态治理的基本格局，这是党和国家在充分发挥社会主义制度的优越性和政治优势的基础上，积极借鉴国外先进经验和做法，超越了西方国家立基于"国家—市场／社会"二元对立基础上的公共治理理念，在国家治理、市场治理和社会治理之外创设了新的治理维度，即执政党的治理，而且国家、市场和社会治理在党的领导下实现了有机整合。中国共产党领导是中国特色社会主义最本质的特征，是中国特色社会主义制度的最大优势，是总揽全局、协调各方的领导核心，也是现代国家治理的核心特征，因此中国共产党必然是现代国家生态治理的领导核心。政府、市场和社会是新时代国家生态治理的三维参与主体，其中政府居于生态治理的中心地位。市场和是社会生态治理的关键参与者，治理主体分工各异、各有所长但绝非简单平等的关系，需因时因地而异，这样也确保了国家生态治理能够实现普遍性和多样性的统一、确保了顶层设计和基层创新的兼顾，做到了社会主义制度优势和治理效能的协同。"党委领导、政府主导、企业

---

① 习近平. 推动生态文明建设迈上新台阶 [J]. 求是，2019（3）：4–19.

主体、公众参与"的现代国家生态治理的基本格局成为新时代中国特色社会主义生态文明建设所孕育出的创造性成果。

一、绿色治理中的政党治理机制

中国共产党是全国各族人民的领导核心，是领导建设中国特色社会主义伟大事业的核心力量。办好中国的事情，关键在党，这是被中国近代以来的历史反复证明了的伟大真理，是被改革开放以来中国特色社会主义事业发展反复证明的基本经验。党的十四届四中全会提出党的建设新的伟大工程，其核心就是中国共产党为领导人民完成由不发达的社会主义国家，建设成为富强民主文明和谐的社会主义现代化国家的新的伟大革命而进行的党的建设的伟大实践。党的十八大报告中明确提出，经济建设、政治建设、文化建设、社会建设、生态文明建设的中国特色社会主义事业"五位一体"总体布局。因此，党的建设新的伟大工程，必须与推进包含生态文明建设的中国特色社会主义伟大事业紧密结合起来。党的十九大报告中指出要"不断增强党的政治领导力、思想引领力、群众组织力、社会号召力"，这既是新时代对党的建设提出的新要求，也是新时代政党治理的主要内容。新时代中国特色社会主义生态文明建设正处于压力叠加、负重前行的关键期，已进入提供更多优质生态产品难以满足人民日益增长的优美生态环境需要的攻坚期，也到了有条件有能力解决生态环境突出问题的窗口期，面临着各种新的困难与挑战，就更加迫切需要实现维护政党治理的核心性与绿色治理的整体系统性之间的有机统一，切实增强党的政治领导力、思想引领力、群众组织力、社会号召力，推动生态文明领域的政党治理现代化。

（一）政治领导

党的"政治领导"是国家治理方式现代化中体现中国道路的特色标志。习近平总书记强调，旗帜鲜明讲政治是我们党作为马克思主义政党的根本要求，要善于从政治上看问题，站稳立场、把准方向，善于从政治上谋划、部署、推动工作。政治引领在国家治理中具有先导性、决定性、根本性作用。实现国家治理方式现代化，要求我们把政治领导落实到国家治理各领域各方面各环节，使中国特色社会主义制度更加巩固、优越性充分展现。①政治领导体现为科学的政治理论、坚强的政党领导、正确的政治路线、坚定的政治立场以及良好的政治生态。

---

① 陈一新 ."五治"是推进国家治理现代化的基本方式 .[J]. 求是，2020（3）：4-19.

新时代绿色治理的科学政治理论的集大成者就是习近平生态文明思想。中国共产党人继承了经典马克思主义作家的生态文明思想，并与中国具体国情和时代特征相结合，尤其十八大以来，在以习近平同志为核心的党中央带领下，我们党在社会主义道路上领导经济社会发展，艰辛探索人与自然和谐相处之道，不断深化对生态文明建设规律性的认识，集大成的理论认识和实践经验结晶。在《推动我国生态文明建设迈上新台阶》中，习近平总书记概括了新时代推进生态文明建设必须坚持的"六项原则"，可视为习近平生态文明思想的核心要义，即科学自然观、绿色发展观、基本民生观、整体系统观、严密法治观、全球共赢观。习近平生态文明思想，是习近平新时代中国特色社会主义思想的有机组成部分。这一思想深刻回答了为什么建设生态文明、建设什么样的生态文明、怎样建设生态文明的重大理论和实践问题，进一步丰富和发展了马克思主义关于人和自然关系的思想，深化了我们党对社会主义建设规律的认识，为建设美丽中国、实现中华民族永续发展提供了根本遵循。[①]这为新时代推进生态文明建设、实现绿色治理现代化、打好污染防治攻坚战提供了思想武器、方向指引、根本遵循和强大动力。

新时代绿色治理的加强政党领导体现为坚持党对生态文明建设的领导。党的领导是中国特色社会主义最本质的特征，是中国特色社会主义制度的最大优势，也是实现有效国家治理的根本保证。"中国共产党领导人民建设社会主义生态文明"写进了十九大通过的新党章中。新时代中国特色社会主义生态文明建设进入了生态文明建设正处于压力叠加、负重前行的关键期，已进入提供更多优质生态产品以满足人民日益增长的优美生态环境需要的攻坚期，也到了有条件有能力解决生态环境突出问题的窗口期，面临着各种新的困难与挑战，要实现绿色治理现代化就必须要坚决维护党中央权威和集中统一领导，完善推动党中央生态文明建设的一系列重大决策落实机制，自觉在思想上政治上行动上同以习近平同志为核心的党中央保持高度一致，坚决把维护习近平总书记党中央的核心、全党的核心地位落到实处，在党的领导下依法有序有效地推进生态文明体制的改革，号召各国家机关和全社会要以习近平生态文明思想为方向指引和根本遵循，自觉把经济社会发展同生态文明建设统筹起来，推动形成人与自然和谐发展现代化建设新格局，不断满足人民日益增长的优美生态环境需要，加快建设美丽中国。

新时代绿色治理的坚持正确政治路线体现为坚持党中央生态文明建设的一

①习近平.推动生态文明建设迈上新台阶[J].求是，2019（3）：4-19.

系列重大决策。党的政治路线是党和国家的生命线、人民的幸福线。党的十八大以来，为了全面贯彻党的十八大和十八届二中、三中、四中全会精神，加快建立系统完整的生态文明制度体系，加快推进生态文明建设，增强生态文明体制改革的系统性、整体性、协同性，中共中央国务院先后颁布了《生态文明体制改革总体方案》《国务院关于加快推进生态文明建设的意见》《国务院关于全面加强生态环境保护 坚决打好污染防治攻坚战的意见》等重要文件。十九大报告明确指出，我们要建设的现代化是人与自然和谐共生的现代化，既要创造更多物质财富和精神财富以满足人民日益增长的美好生活需要，也要提供更多优质生态产品以满足人民日益增长的优美生态环境需要。十九大报告中加大环境治理力度、构建环境管控的长效机制、全面深化绿色发展的制度创新等方面勾画出了生态文明建设和绿色发展的路线图。

新时代绿色治理的坚定政治立场体现为坚持以人民为中心的发展立场。人民立场是我们党的根本政治立场，人民拥护是国家治理的雄厚根基。站稳人民立场，务必紧扣民心这个最大的政治，从人民群众最关心最直接最现实的事情抓起，满足人民日益增长的美好生活需要，让人民群众成为推进国家治理现代化的最大受益者。①民之所好好之，民之所恶恶之。我国在《2012 年中国人权事业的进展》白皮书中首次将生态文明建设写入人权保障，提出要保障和提高公民享有清洁生活环境及良好生态环境的权益。2018 年 3 月在十三届全国人大一次会议第三次全体会议上通过了《中华人民共和国宪法修正案》，将"美丽"作为社会主义强国的五大维度之一，"生态文明"也作为社会主义建设的总体布局写入宪法，在社会主要矛盾发生转换的背景下，进行生态文明建设就是要供给优质的公共生态产品，"环境就是民生，青山就是美丽，蓝天也是幸福。努力实现社会公平正义，不断满足人民日益增长的优美生态环境需要"。②生态民生的伦理价值观是"一切为了人民，一切依靠人民"的人民主体性思想在生态文明建设领域的具体体现。"生态文明是人民群众共同参与共同建设共同享有的事业，要把建设美丽中国转化为全体人民自觉行动"。③每个人都是生态环境的保护者、建设者、受益者，没有哪个人是旁观者、局外人、批评家，谁也不能只说不做、置身事外。加强生

---

①陈一新."五治"是推进国家治理现代化的基本方式 .[J]. 求是，2020(3).
②习近平 . 推动生态文明建设迈上新台阶 [J]. 求是，2019（3）：4-19.
③同上 .

态文明建设既是重要的民生问题，更是重大的政治问题。生态文明建设是民意所在民心所向，换言之，新时代党领导全国人民全面推进生态文明建设也正是共产党人"不忘初心"的体现。

新时代绿色治理的良好政治生态体现为绿色治理领域的全面从严治党。政治生态好，人心就顺、正气就足；政治生态不好，就会人心涣散、弊病丛生。营造风清气正的政治生态，是推进国家治理现代化的一项基础性、持续性工作①。以新时代生态文明建设和全面从严治党为基准，当前生态文明领域的党建工作还存在一些薄弱环节：把抓党建作为第一政治责任的意识有待提高、组织生活和制度落实还不够规范、党务干部队伍建设亟待加强等方面。新时代绿色治理良好政治生态的建立首先要求各级党组织深入贯彻习近平新时代中国特色社会主义思想和党的十九大精神，以习近平生态文明思想为指导，认真落实全国生态环境保护大会部署和要求，进一步增强"四个意识"，坚定"四个自信"，全面落实从严治党政治责任，着力提高党的建设质量和水平，持之以恒正风肃纪，为打好污染防治攻坚战、提升生态文明提供了坚强政治保证，取得积极进展和明显成效。其次，要管党治党责任进一步压实。深入开展中央八项规定及其实施细则精神"回头看"整改和部巡视工作，组织开展党风廉政教育月，不断深化执纪问责，运用"四种形态"推动标本兼治。压实各方的生态环境保护责任。县级以上地方各级人民代表大会或者人民代表大会常务委员会每年应至少听取一次本级党委政府落实生态环境保护"党政同责""一岗双责"情况、本地区生态环境现状和环境目标完成情况，切实推动本级党委政府扛起打好污染防治攻坚战的主体责任。县级以上地方各级人民代表大会及其常务委员会要通过审议政府工作报告、专题询问、现场质询等方式，督促本级党委政府及其相关职能部门，严格执行生态环境保护法律法规；乡（镇）级人民代表大会要有效监督本级党委政府及其相关职能部门、村级党组织，确保打通污染防治攻坚战的"最后一公里"。最后，加强作风建设打造生态环境保护铁军。习近平总书记指出："要建设一支生态环境保护铁军，政治强、本领高、作风硬、敢担当，特别能吃苦、特别能战斗、特别能奉献。"②生态文明建设是关系中华民族永续发展的根本大计。要打好污染防治攻坚战和

---

①习近平. 在第十八届中央纪律检查委员会第六次全体会议上的讲话 [N]. 人民日报，2016-05-03（002）.

②习近平. 推动生态文明建设迈上新台阶 [J]. 求是，2019（3）：4-19.

生态保护持久战，就要建设一支高素质的生态环保部队。听党指挥、报国为民的铁的政治信念是铁军精神的核心要义。铁军作为一个光荣的称号，因为它是党领导下的为国为民的正义之师。生态环境既是关系党使命宗旨的重大政治问题，也是关系民生的重大社会问题，必须从人心向背、党的执政基础的高度来考量。习近平总书记指出："打好污染防治攻坚战时间紧、任务重、难度大，是一场大仗、硬仗、苦仗，必须加强党的领导。"①党的十八大以来，在以习近平同志为核心的党中央的坚强领导下，我国生态环境保护发生了历史性、转折性、全局性变化。当前，生态文明建设正处于压力叠加、负重前行的关键期，已进入提供更多优质生态产品以满足人民日益增长的优美生态环境需要的攻坚期，也到了有条件有能力解决生态环境突出问题的窗口期，中共中央科学判断形势，明确了推进生态文明建设、解决生态环境问题的路线图和时间表，为打好污染防治攻坚战、推动生态文明建设迈上新台阶作出了全面部署。习近平总书记指出："各地区各部门要增强'四个意识'，坚决维护党中央权威和集中统一领导，坚决担负起生态文明建设的政治责任。"②

（二）思想引导

习近平总书记强调，要不断增强党的政治领导力、思想引领力、群众组织力、社会号召力，确保我们党永葆旺盛生命力和强大战斗力。③思想建设是党的建设的重要内容，中国共产党始终重视党的思想理论创新，着力从思想上建党、从理论上强党。思想引领力是巩固全党全国各族人民团结奋斗的共同思想的引导能力，也是党的生命力和战斗力的重要基础。新时代不断增强党的思想引领力，要坚持人民立场、深化理论研究、讲好党的故事、推进话语创新，不断增强思想上的号召力、说服力、吸引力、感染力。

思想引领力主要体现为党推进理论创新的能力以及在此基础上用党的创新理论武装头脑、统一思想、指导实践、抵御错误思潮的能力。党之所以能够不断历经艰难困苦创造新的辉煌，很重要的一条就是始终重视思想建党、理论强党，坚持用科学理论武装广大党员干部的头脑，使全党始终保持统一的思想、坚定的

---

① 习近平. 推动生态文明建设迈上新台阶 [J]. 求是，2019（3）：4-19.

② 同上.

③ 习近平. 决胜全面建成小康社会 夺取新时代中国特色社会主义伟大胜利 [N]. 人民日报，2017-10-28(001).

意志、强大的战斗力。思想走在行动之前，思想是行动的先导，增强党的思想引领力，是建设马克思主义学习型政党的首要任务和必然要求。如同党的思想建设在党的建设中居于基础地位一样，党的思想引领力在党的领导力体系中也相应地居于基础地位。增强党的思想引领力是基础工程，为政治领导力运筹帷幄提供理论指导，为群众组织力和社会号召力开拓前行提供方向，为加强党的建设伟大工程提供精神支柱和政治灵魂，也是保持党的团结统一的思想基础。

中国特色社会主义进入新时代，对增强党的思想引领力提出更高要求，应以时不我待的使命感、紧迫感，掌握规律性、选准发力点，在不断增强党的思想引领力上下真功、求实效。建设生态文明是党对人与自然、发展与环境关系认识上的飞跃，是对马克思主义生态观的继承和发展。为此，环保工作者必须首先用马克思主义生态观武装头脑，加强政治、文化、社会诸领域知识的学习。重视理论学习，是我们党的优良传统和政治优势。环保部门机关党建工作通过加强理论武装工作，能够使党员干部不断提高思想政治素质，掌握正确的理论，从而增强分辨是非的能力、解决实际问题的能力和推进生态文明建设的能力。

（三）群众组织

马克思指出，"历史活动是群众的活动"[①]。人民性是马克思主义最鲜明的品格，为人民谋幸福是中国共产党人的根本使命。一切为了群众，一切依靠群众，从群众中来，到群众中去。群众路线是党的优良传统，是党领导人民取得中国革命和社会主义建设事业胜利的制胜法宝。紧紧依靠群众、积极发动群众、有效组织群众历来是党的政治优势，是党的群众路线的重要体现。群众组织能力是党治国理政的重要能力，是国家治理能力现代化的重要维度。体现为党依靠群众、动员群众和组织群众进行中国特色社会主义建设的能力。具体到绿色治理领域，群众政治力就是在党的领导下，坚持人民为之心的治理理念，通过动员组织人民群众参与生态治理的能力。

依靠群众、动员群众和组织群众进行绿色治理是我们党一直以来的工作原则和方向。毛泽东同志在 1956 年的《中共中央致五省（自治区）青年造林大会的贺电》就向全国发出了"绿化祖国"的号召，1958 年在中央政治局工作会议上又提出"要是我们祖国的河山全部绿化起来，要达到园林化，到处都很美丽，自然面貌要改变过来"。一切能够植树造林的地方都要努力植树造林，逐步绿化我

---

①马克思恩格斯文集（第一卷）[M]. 北京：人民出版社，2009：287.

们的国家，美化我国人民劳动、工作、学习和生活的环境。①1957 年 2 月 27 日，在《关于正确处理人民内部矛盾的问题》明确提出要在全国范围内开展"增产节约反对铺张浪费"运动，"在六亿人口都要实行增产节约，反对铺张浪费。不仅具有重要的。这不但在经济上有重大意义，在政治上也有重大意义"。②在提倡反对浪费，厉行节约的同时，毛泽东同志指出要提高资源使用效率："综合利用单打一总是不成，搞化工的单搞化工，搞石油的单搞石油，搞煤炭的单搞煤炭，总不成吧！煤焦可以出很多东西。采掘工业也是这样，采钨的就只要钨，别的通通丢掉。水利工程，管水利的只管水利，修了坝以后船也不通了，木材也不通了。那怎么办？是个大浪费。综合利用大有文章可做"。③在周恩来总理的安排下，中国派出恢复在联合国合法席位后规模最大的代表团，参加 1972 年 6 月在瑞典斯德哥尔摩举行的人类环境会议。这是人类第一次有关保护环境的国际会议。1973 年 8 月 5 日—20 日，第一次全国环境保护会议在北京召开。会议确定了将"全面规划，合理布局，综合利用，化害为利，依靠群众，大家动手，保护环境，造福人民"，确定为我国第一个环境保护工作方针；并在之后审议通过我国第一部环境保护的法规性文件——《关于保护和改善环境的若干规定（试行草案）》予以确认。1979 年颁布的《中华人民共和国环境保护法（试行）》作为我国第一部环境保护的综合性法律再次将群众路线作为我国环境保护事业的基本原则。改革开放以后，邓小平同志指出：环境保护是一项基本国策，也是提高人民生活质量的重要方面。1981 年第五届全国人民代表大会第四次会议通过了《关于开展全民义务植树运动的决议》。决议指出，植树造林，绿化祖国，是建设社会主义，造福子孙后代的伟大事业，是治理山河，维护和改善生态环境的一项重大战略措施。为了加速实现绿化祖国的宏伟目标，发扬中华民族植树爱林的优良传统，进一步树立集体主义、共产主义的道德风尚，会议决定开展全民性的义务植树运动……会议号召，勤劳智慧的全国各族人民，在中国共产党和各级人民政府的领导下，以高度的爱国热忱，人人动手，年年植树，愚公移山，坚持不懈，为建设我们伟大的社会主义祖国而共同奋斗。④以后，邓小平、江泽民、胡锦涛、习近平

①毛泽东论林业（新编本）[M]. 北京：中央文献出版社，2003：51.

②厉行节约反对浪费：重要论述摘编 [M]. 北京：中央文献出版社，2013：22.

③中共中央文件选集（一九四九年十月~一九六六年五月）[M]. 北京：人民出版社，2013：58.

④第五届全国人民代表大会第四次会议关于开展全民义务植树运动的决议 [EB/OL].http://www.npc.gov.cn/wxzl/gongbao/2000-12/11/content_5328245.htm，2020-1-15.

等党和国家领导人连续多年与首都人民一道参加全民义务植树活动，形成了一种以上率下的政治惯例，全面义务植树运动成为绿色治理中群众路线最为有力的践行。2020 年 4 月 3 日，在全国疫情防控形势持续向好、复工复产不断推进的时刻，习近平总书记依旧参加了首都义务植树活动，并强调：我们一起参加义务植树，既是以实际行动促进经济社会发展和生产生活秩序加快恢复，又是倡导尊重自然、爱护自然的生态文明理念，促进人与自然和谐共生。要牢固树立绿水青山就是金山银山的理念，加强生态保护和修复，扩大城乡绿色空间，为人民群众植树造林，努力打造青山常在、绿水长流、空气常新的美丽中国。[①]

（四）社会号召

党的社会号召是党领导全国各族人民在革命和建设中积累起来的强大社会动员能力和社会资源的调配能力。社会号召力主要体现在党在治国理政的过程中对社会各个阶层、不同群体、各方力量的号召能力，主要包括影响能力、动员能力、引导能力和凝聚能力等。党强大的社会号召力是由党的性质、宗旨、纲领、路线及作风和形象等决定的，是由党为中国人民谋幸福、为中华民族谋复兴的初心和使命决定的，是党在长期革命、建设和改革实践中锻造出来的。党的社会号召力是提升党的政治领导力、思想引领力和群众组织力建设的精神动力和源泉保证。在绿色治理中党的号召力体现为党能够调到一切积极因素，团结一切可以团结的力量，以美丽中国梦为价值追求和奋斗目标感召人、鼓舞人，为新时代生态文明建设汇聚磅礴力量。

绿色治理中持续增强党的社会号召力具有良好的基础优势。第一，中国特色社会主义政治体制是增强社会号召力的根本制度基础。在政治领域，人民代表大会制度是我国的根本政治制度，中国共产党领导的多党合作和政治协商制度、民族区域自治制度以及基层群众自治制度等是我国的基本政治制度。而且，中国特色社会主义法律体系是中国特色社会主义创新实践的法制体现。这些基本的政治制度为实现更大范围、更深层次的人民当家作主提供了制度基础，也为增进社会发展共识、提升社会中制动员能力奠定了良好的规范要件，形成了中国特色社会主义的协商民主制度。正如习近平总书记《在中央政协工作会议暨庆祝中国人民政治协商会议成立 70 周年大会上的讲话》中提到的：协商民主是实现党的领导

---

①习近平参加首都义务植树活动 [EB/OL].http://news.china.com.cn/2020-04/03/content_75895199.htm，2020-4-10.

的重要方式，是我国社会主义民主政治的特有形式和独特优势……坚持大团结大联合，坚持一致性和多样性统一，不断巩固共同思想政治基础，加强思想政治引领，广泛凝聚共识，努力寻求最大公约数、画出最大同心圆，汇聚起实现民族复兴的磅礴力量①。中国特色社会主义协商民主制度在新时代的新议题就是助力社会主义生态文明建设，推进国家生态治理现代化。

第二，党在国家经济社会发展的战略规划设定是绿色治理增强社会号召力的重要抓手。以规划引领经济社会发展，是党治国理政的重要方式，是中国特色社会主义发展模式的重要体现。科学编制并有效实施国家发展规划，阐明建设社会主义现代化强国奋斗目标在规划期内的战略部署和具体安排，引导公共资源配置方向，规范市场主体行为，有利于保持国家战略连续性稳定性，集中力量办大事，确保一张蓝图绘到底。1956 年，国家"一五"计划开始第二年。是年 1 月，中共中央政治局提出的《1956 年到 1967 年全国农业发展纲要（草案）》中指出："从 1956 年开始，在 12 年内，绿化一切可能绿化的荒地荒山，在一切宅旁、村旁、路旁、水旁以及荒地上、荒山上，只要是可能的，都要求有计划地种起树来。"②以这次大会为标志，是年 3 月，毛泽东同志发出了"绿化祖国"的伟大号召，开启了新中国 70 年来持续不懈地绿化祖国征程。1995 年 9 月，党的十四届五中全会《关于制定国民经济和社会发展"九五"计划和 2010 年远景目标的建议》，将"可持续发展战略"写入其中，提出"必须把社会全面发展放在重要战略地位，实现经济与社会相互协调和可持续发展"。江泽民同志在《正确处理社会主义现代化建设中的若干重大关系》讲话中强调"在现代化建设中，必须把可持续发展作为一个重大战略"，从而为经济、社会、自然可持续发展提出了新的战略遵循。党的十五大确认"可持续发展战略"为我国现代化建设必须实施的重大战略。1997 年召开的党的十五大，可持续发展作为战略思想首次写入党代会报告。要求坚持保护环境的基本国策，正确处理经济发展同人口、资源和环境的关系。"可持续发展能力不断增强"确立为全面建设小康社会的目标之一。2002 年 11 月，党的十六大提出要全面建设小康社会，正式将"可持续发展能力不断增强"并作为全面建设小康社会的重要目标之一。2005 年 10 月，党的十六届五中全会通过

①习近平. 在中央政协工作会议暨庆祝中国人民政治协商会议成立 70 周年大会上的讲话 [EB/OL].http：//www.xinhuanet.com/politics/leaders/2019-09/20/c_1125020851.htm，2020-1-15.

②中华人民共和国国务院公报 [R].1960（13）.

了《中共中央关于制定国民经济和社会发展第十一个五年规划的建议》（以下简称建议），首次把建设资源节约型和环境友好型社会确定为国民经济与社会发展中长期规划的一项战略任务。建议提出：必须加快转变经济增长方式；大力发展循环经济；加大环境保护力度；切实保护好自然生态；认真解决影响经济社会发展特别是严重危害人民健康的突出环境问题，在全社会形成资源节约的增长方式和健康文明的消费模式。《建议》明确提出"十一五"时期经济社会发展的目标之一是：资源利用效率显著提高，单位国内生产总值能源消耗比"十五"期末降低 20% 左右，生态环境恶化趋势基本遏制，耕地减少过多状况得到有效控制。①

党在组织优势是绿色治理增强社会号召力的重要基础保障。党的组织领导就是通过各级党组织及党的干部和广大党员，对人民群众实现组织上的领导。党在人民军队、政权机关、社会团体、企事业单位、城市社区和农村基层建立党组织，党员在这些组织机构中担任领导工作，是党实现组织领导的主要途径之一。生态文明建设是一项系统工程，从本质上要求融入经济建设、政治建设、文化建设和社会建设各方面和全过程。生态文明建设融入"四大建设"，首先要融入"四大建设"相关职能部门的工作之中。生态文明建设不可能由一个部门或几个部门来完成，必须部门间形成合力。由于政府职能部门工作任务各有侧重，在共同推进生态文明建设过程中不可避免会出现条块分割、权责不明、沟通不畅等问题。通过党组织的协调统筹，有利于打破部门之间的障碍甚至壁垒，促进党政机关各职能部门形成推进生态文明建设的合力。其次，党组织在生态文明建设中具有桥梁纽带作用。生态文明建设需要全社会共同努力，尤其要努力促进生态文明观念在全社会牢固树立，让尊重、顺应、保护自然成为社会风尚，为推进生态文明建设营造良好的社会氛围。党组织通过结对共建和党员志愿者行动，以及工青妇组织走进企业、走进社区、走进农村、走进学校等活动，能够在机关与基层、与社会公众之间搭建起沟通的桥梁，引导环保干部职工担当生态文明的宣传者、践行者和促进者，大力弘扬生态文明理念，培育生态文明道德，增强全民节约意识、环保意识、生态意识，形成合理消费的社会风尚，营造爱护生态环境的良好风气。因此，实现组织领导的生态化首先就是依托完备的党组织体系，在各级、各部门的具体的社会主义建设中确保契合生态文明的具体要求，将党中央所确立的生态

①中共中央关于制定"十一五"规划的建议（全文）[EB/OL].http://cpc.people.com.cn/GB/64162/64168/64569/65414/4429220.html.

文明发展战略和方针政策贯彻实施。

二、中国共产党的生态治理创新

党的十八大以来，以习近平同志为核心的党中央领导全党全国人民全面推进生态文明建设，生态环境保护发生了历史性、转折性、全局性变化，推动生态文明建设的理论创新、实践创新和制度创新，开创了社会主义生态文明建设的新时代，形成了习近平生态文明思想[①]，为生态环境治理理念的现代化提供了思想引领。

（一）理念创新

生态文明思想基本观点就是将生态文明建设作为统筹推进"五位一体"总体布局和协调推进"四个全面"战略布局的重要内容。党的十九大以来，"生态文明建设""绿色发展""美丽中国"写进党章和宪法，成为党的意志、国家的意志和全民的共同行动。生态文明是一项综合性复杂性的系统工程，以往单一化、碎片化、表面化、短期化的环境治理方案并不能够适合于当下中国治理实践，唯有在经济、政治、文化、社会建设的各方面和全过程融入生态文明的理念，才能够实现发展理念、发展目标、发展模式的生态化转型，实现作为社会有机体整体的生态化发展。在"四个全面"战略布局中推动生态文明建设就是要将绿色发展作为全面小康建设的目标指引、将生态文明体制改革作为全面深化改革的重要议题、将生态法治建设作为全面依法治国的重点工作、将保障生态文明作为全面从严治党的中心任务，目的在于能够有效整合新时代生态文明建设的各种资源和力量、构建完备的制度体系和达成广泛的社会共识，形成生态文明建设的协同效应。

习近平总书记指出，生态文明建设要"坚持党委领导、政府主导、企业主体、公众参与"的中国特色社会主义生态环境治理体系。[②]"党委领导、政府主导、企业主体、公众参与"是新时代现代国家生态治理的基本格局，这是党和国家在充分发挥社会主义制度的优越性和政治优势的基础上，积极借鉴国外先进经验和做法，超越了西方国家立基于"国家—市场／社会"二元对立基础上的公共治理理念，在国家治理、市场治理和社会治理之外创设了新的治理维度，即执政党的

---

① 习近平. 推动我国生态文明建设迈上新台阶 [J]. 求是, 2019（03）: 4-19.

② 同上.

治理，使国家、市场和社会治理在党的领导下实现了有机整合，党成为现代国家生态治理的领导核心。政府、市场和社会是新时代国家生态治理的三维参与主体，其中，政府居于生态治理的中心地位。市场和是社会生态治理的关键参与者，治理主体分工各异、各有所长但绝非简单平等的关系，需因时因地而异，这样也确保了国家生态治理能够实现普遍性和多样性的统一、确保了顶层设计和基层创新的兼顾，做到了社会主义制度优势和治理效能的协同。"党委领导、政府主导、企业主体、公众参与"的现代国家生态治理的基本格局成为新时代生态文明建设所孕育出的创造性成果。

习近平总书记指出，"只有实行最严格的制度、最严密的法治，才能为生态文明建设提供可靠保障"。①现代国家治理就其本质而言是依靠制度的治理，法治体系是国家治理的主要平台，坚持最严法治的治理理念既是生态文明融入政治文明建设的基本要求，也是全面依法治国在生态治理领域的具体体现。没有体系健全、运行有序的法治体系就不可能有良好生态文明建设局面的出现。生态法治就是生态文明建设制度化和规范化的过程，在全面推进依法治国的进程中以中国特色社会主义法治道路支撑和保障新时代生态文明建设。"最严"生态法治观作为习近平生态文明思想的重要组成部分，彰显了党在现代国家治理中的政治智慧和坚定决心，生态法治体系建设提供了科学的理论指导和行动指南，对新时代生态文明制度有着重大而深远的政治意义、历史意义、理论意义、实践意义。

习近平总书记指出，"生态文明是人民群众共同参与共同建设共同享有的事业，每个人都是生态环境的保护者、建设者、受益者"。②共同参与共同建设突出的是人民在国家生态治理中的共治主体地位，共同享有则凸显的是人民在生态文明建设成果分配中的中心地位。共同参与共同建设是现代国家生态治理的重要特征之一，人民群众或者是以个体的形式或者是以组织的形式"有序地"参与生态治理能实现公共生态决策民主性和科学性的有机统一。人民中心的治理理念还体现为生态治理的成果由人民共享，坚持良好生态环境是最普惠的民生福祉，通过全面推进现代国家生态治理，提供更为优质更为公平的公共生态产品，增强民众的生态获得感。

---

①习近平.推动我国生态文明建设迈上新台阶[J].求是，2019（03）：4-19.

②同上.

（二）体系创新

政党通常是现代社会国家政治体系中的关键主体。在我国，中国共产党作为创立、巩固和发展人民政权的领导核心，深刻塑造了国家和社会的制度形态。立足国情，党的十八大以来，以习近平生态文明思想为指导，形成了中国特色生态文明治理模式，"党委领导、政府主导、企业主体、公众参与"为基本格局的环境治理体系。这种治理体系有别于西方以公民社会为主的环境治理模式和传统的以国家主导的环境管制模式。这一差异主要是因为中国的政治社会属于是反向度地镶嵌在执政党组织之中的政党型社会体制，而西方的政党政治则是镶嵌在近代所确立的市场社会之中。

第一，以党的领导为核心的生态文明建设模式是社会主义初级阶段的必然选择。中国共产党是全国各族人民的领导核心，是领导建设中国特色社会主义伟大事业的核心力量。办好中国的事情，关键在党，这是被中国近代以来的历史反复证明了的伟大真理，是被改革开放以来中国特色社会主义事业发展反复证明的基本经验。建设社会主义生态文明就是党基于世情国情的充分考虑作出发展战略，党的十八大以来，以习近平总书记为核心的党中央站在战略和全局的高度，对生态文明建设提出一系列新思想新论断新要求，党的十八届三中全会站在新的历史起点上，作出了紧紧围绕建设美丽中国深化生态文明体制改革，加快建立生态文明制度的战略部署，为努力建设美丽中国，实现中华民族永续发展，走向社会主义生态文明新时代，指明了前进方向和实现路径。因此，作为社会主义建设的重要组成的生态文明建设也必须要坚持以党的领导为核心。

第二，以党的领导为核心的生态文明建设模式是国家治理格局所决定的。中国共产党是社会主义建设的核心力量，具有全国范围内的组织结构体系，中国共产党是当代中国政体中一个重要的组成部分，党的各级组织执行准立法职能和行政职能。经过长期探索和实践，我国形成了"党委领导、政府负责、社会协同、公众参与"的社会主义国家治理格局。这一治理格局一方面充分发挥社会主义制度的优越性和政治优势，党的领导和政府负责确保了社会主义建设的正确方向，也充分发挥了社会主义集中力量办大事的制度优势。另一方面，党和国家始终高度重视市场和社会参与国家治理，积极借鉴国外先进经验和做法，顺应历史发展发展趋势。根据国内外形势勇于变革，党和国家积极稳妥地推动社团、行业组织和社会中介组织发展与参与公共决策，引导公民依法理性有序参与国家治理。这种治理格局是生态文明建设的现实基础和基本依据。

第三，党的建设的新主题就是推进生态文明建设。党中央把生态文明建设作为增强党的执政能力、巩固党的执政基础的一项战略任务。大力推进生态文明建设，成为党领导社会主义建设的新历史使命。党的十四届四中全会提出党的建设新的伟大工程，其核心就是中国共产党为领导人民完成由不发达的社会主义国家，建设成为富强民主文明和谐的社会主义现代化国家的新的伟大革命而进行的党的建设的伟大实践。党的十八大报告中明确提出，经济建设、政治建设、文化建设、社会建设、生态文明建设的中国特色社会主义事业"五位一体"总体布局。因此，党的建设新的伟大工程，必须与推进包含生态文明建设的中国特色社会主义伟大事业紧密结合起来。

（三）手段创新

十八大以党在习近平生态文明思想的指导下，以党对生态文明体制改革的领导为核心，以生态环境管理体制和社会发展规划的顶层设计为抓手，创新政党的绿色治理。

党和国家机构职能体系是中国特色社会主义制度的重要组成部分，是我们党治国理政的重要保障。2018 年 2 月，党的十九届三中全会审议通过了《中共中央关于深化党和国家机构改革的决定》和《深化党和国家机构改革方案》，明确了新时代深化党和国家机构改革的指导思想、总体要求、决策部署和基本原则。其中一项主要内容就是组建生态环境部，整合分散的生态环境保护职责，统一行使生态和城乡各类污染排放监管与行政执法职责：将环境保护部的职责，国家发展和改革委员会的应对气候变化和减排职责，国土资源部的监督防止地下水污染职责，水利部的编制水功能区划、排污口设置管理、流域水环境保护职责，农业部的监督指导农业面源污染治理职责，国家海洋局的海洋环境保护职责，国务院南水北调工程建设委员会办公室的南水北调工程项目区环境保护职责整合成为新的生态环境部，作为国务院组成部门。由于这个过程涉及复杂的利益格局调整、机构职能优化、人员重新分配的问题，因此，必须加强总体设计和组织领导，只有中国共产党才能承担起这个责任。同时，建立大部制不是要复活"大政府"，而是要让市场在资源配置中起决定性作用的前提下，使政府成为"强政府"和"好政府"，提高政府的行政效率和为人民服务的本领。只有在党的领导下，才能使人民政府承担起绿色政府的职责，为满足人民群众的生态环境需要、保障人民群众的生态环境权益提供行政保障。[1]

---

[1]张云飞.坚持和完善党对生态文明体制改革的领导 [J]. 国家治理，2018（10）：23-29.

　　生态文明建设是一个综合性系统，生态问题的发生与经济、政治、社会和文化等社会活动有着直接的关系。《中国21世纪议程》也提出要"改革体制建立有利于可持续发展的综合决策机制"。实现生态与发展综合决策就是实现人口、资源、环境与经济协调、持续发展这一基本原则在决策层次上的具体化和制度化。通过对各级政府和有关部门及其领导的决策内容、程序和方式提出具有法律约束力的明确要求，可以确保在决策的源头（即拟订阶段）将生态文明建设的各项要求纳入到有关的发展政策、规划和计划中去，实现发展与生态发展的一体化。[①]但是在现有的生态文明制度规范之中并没有完善的生态与发展综合决策的制度。环境影响评价制度的缺失是阻碍生态与发展综合决策的实现的一个主要的制度性因素。环境影响评价是进行综合决策的主要参考依据，是生态与发展综合决策的基础性制度。环境影响评价是指对规划和建设项目实施后可能造成的环境影响进行分析、预测和评估，提出预防或者减轻不良环境影响的对策和措施，进行跟踪监测的方法与制度。现行的《环境影响评价法》仅将环境影响评价限定于规划和建设项目，不仅没有涉及对我国经济社会发展发挥主要决策作用的政策环境评价作出规定，而且将规划的环境评价也限制于"土地利用的有关规划，区域、流域、海域的建设、开发利用规划"，对我国综合规划中地位最高、作用最大的"国民经济和社会发展计划"也没有纳入其中。

　　2014年修订的《环境保护法》在原有的环境影响评价制度基础上，在第十八条、十九条将环境影响评价的范围扩大到了开发利用规划，明确禁止了"未评先建行为"，在一定程度上完善了环境评价制度但是还需要更为具体的操作细则。2018年2月，党的十九届三中全会审议通过了《中共中央关于深化党和国家机构改革的决定》和《深化党和国家机构改革方案》，明确提出改革自然资源和生态环境管理体制，其中指出强化国土空间规划对各专项规划的指导约束作用，推进"多规合一"，实现土地利用规划、城乡规划等有机融合，要做到一本规划、一张蓝图管到底。在党的领导下，我们不仅要把生态文明的理念、原则、目标融入经济社会发展各方面，贯彻落实到各级各类规划和各项工作中，而且要将人口、资源、能源、环境、生态安全、防灾减灾等方面的规划统一起来，实现土地利用规划、城乡规划等有机融合，要将生态文明领域的规划和城乡建设规划、社会经济发展规划统一起来，还要将生态文明领域的规划和国家的总体规划统一起来。

---

　　①中共中央印发《深化党和国家机构改革方案》[N].人民日报，2018-03-22（001）.

这样，才能提高生态治理的现代化水平。①

三、加强党领导生态治理的力度

（一）思想领导

实践基础上的理论创新是社会发展和变革的先导。习近平生态文明思想是习近平新时代中国特色社会主义思想的重要组成部分，是对党的十八大以来习近平总书记围绕生态文明建设提出的一系列新理念、新思想、新战略的高度概括和科学总结，是新时代生态文明建设的根本遵循和行动指南，也是马克思主义关于人与自然关系理论的最新成果。习近平总书记基于对人类社会发展规律、人与自然关系认识规律、社会主义建设规律的科学把握和深邃洞见，科学概括了生态文明的主要内涵，即新时代推进生态文明建设的"六项原则"。"六项原则"体现了人与自然和谐共生的科学自然观、坚持绿水青山就是金山银山的绿色发展观、良好生态环境是最普惠的民生福祉的基本民生观、山水林田湖草系统治理的整体系统观、用最严格制度最严密法治保护生态环境的严密法治观、世界携手共谋全球生态文明的共赢全球观。"六项原则"形成一个科学严密的逻辑体系，构成了习近平生态文明思想的理论内核，是新时代推进生态文明建设的根本遵循。

加强思想领导集中体现为加快构建生态文明治理体系。重点是要加快建立健全以生态价值观念为准则的生态文化体系、以产业生态化和生态产业化为主体的生态经济体系、以改善生态环境质量为核心的目标责任体系、以治理体系和治理能力现代化为保障的生态文明制度体系、以生态系统良性循环和环境风险有效防控为重点的生态安全体系。这五大治理体系是对贯彻落实习近平生态文明思想六项原则的具体部署，也是从根本上解决生态环境问题的对策体系，是新时代生态文明建设的思想灵魂、物质基础、责任使命、制度保障和底线要求。

加强思想领导集中体现的着力点在于以习近平生态文明思想为指导打赢污染防治攻坚战。习近平生态文明思想既是重要的价值观又是重要的方法论，是做好生态环境保护工作的定盘星、指南针和金钥匙。坚决打好污染防治攻坚战，就要求要深入学习贯彻习近平生态文明思想，做到学思用贯通、知信行统一，增强各方面践行新发展理念的思想自觉、政治自觉、行动自觉。生态文明建设是个复杂性的系统工程，涉及点多面广。牵牛要牵牛鼻子。习近平总书记要求坚决打好

①张云飞.坚持和完善党对生态文明体制改革的领导[J].国家治理，2018（10）：23-29.

污染防治攻坚战，推动我国生态文明建设迈上新台阶。要通过打赢蓝天保卫战，打好柴油货车污染治理、城市黑臭水体治理、渤海综合治理、长江保护修复、水源地保护、农业农村污染治理等七大标志性战役，以点带面，全面推进习近平生态文明思想的贯彻执行。生态环境部明确在 2020 年——全面建成小康社会和"十三五"规划的收官之年将全面完成《打赢蓝天保卫战三年行动计划》目标任务、深入实施《水污染防治行动计划》、全面实施《土壤污染防治行动计划》，坚定不移推进污染治理。

（二）顶层设计

习近平总书记指出，打好污染防治攻坚战时间紧、任务重、难度大，是一场大仗、硬仗、苦仗，必须加强党的领导。[①]"党委领导、政府主导、企业主体、公众参与"为基本格局的现代国家生态治理体系首先凸显的就是党在生态治理中的首出地位。党作为生态治理的一元主体有别于西方国家的环境治理体制，目的在于"坚持党总揽全局、协调各方的领导核心作用"[②]，承担了战略设计、关键性制度设计、远景规划、主体间关系地位的确立与协调沟通等元治理者的职责。

党的十七大正式提出生态文明理念，党的十八大将生态文明纳入到经济、政治、文化、社会、生态"五位一体"的社会主义建设总布局中，党的十九大将生态文明提升为事关"中华民族永续发展的千年大计"、将"美丽"纳入国家现代化目标之中、将提供更多"优质生态产品"纳入民生范畴。生态文明在社会主义建设地位的不断跃升体现了党对生态文明建设战略设计不断完善，并通过党的领导方式将全党的意志转变为国家意志，最终成为全民自觉行动，天蓝水清地净的美丽中国梦正逐步实现。

作为中国特色社会主义领导核心的中国共产党提出治国理政的关键性制度设计是我国政治文明建设一条基本经验和原则，现代国家生态治理也不外如此。党的十八大以来，由习近平总书记担任组长的中央全面深化改革领导小组公分布了有关生态治理的党内法规或政策性文件至少 20 件，主要包括《生态文明体制改革总体方案》《党政领导干部生态环境损害责任追究办法》《环境保护督察方案》《生态环境损害赔偿制度改革试点方案》《控制污染物排放许可制实施方案》《关于设立统一规范的国家生态文明试验区的意见》《关于省以下环保机构监测

---

① 习近平. 推动我国生态文明建设迈上新台阶 [J]. 求是，2019（03）：4-19.
② 中央文献研究室. 十八大以来重要文献选编（上）[M]. 北京：中央文献出版社，2014：91-92.

监察执法垂直管理制度改革试点工作的指导意见》《生态文明建设目标评价考核办法》《关于全面推行河长制的意见》《关于划定并严守生态保护红线的若干意见》《关于建立资源环境承载能力监测预警长效机制的若干意见》《建立国家公园体制总体方案》《关于健全生态保护补偿机制的意见》《环境保护督察方案（试行）》《开展领导干部自然资源资产离任审计试点方案》《党政领导干部生态环境损害责任追究办法（试行）》《生态环境损害赔偿制度改革试点方案》等。这些关键性制度架起了现代国家生态治理所需的生态法治体系的"四梁八柱"，对重点领域、突出问题进行了及时有效地回应，确保了新时代生态文明建设的顺利推进。

（三）决策推进

"徒善不足以为政，徒法不足以自行"。党的十八大以来，习近平总书记就生态文明建设提出一系列新理念新思想新战略，逐渐形成了系统完整的习近平生态文明思想，成为新时代生态文明建设的行动指南。以习近平生态文明思想为指导，新时代中国特色社会主义生态文明建设的顶层设计和"四梁八柱"式的基本重大决策制度设计已经基本形成，进而如何确保党中央的重大决策落地生根、发挥实效就成了全面提升党在生态文明治理能力的主重要环节。

首先，以全面加强党委主体责任为引领。加强党在生态文明治理中的领导郑永年首先就是要在生态文明领域全面落实党政主体责任，建立健全领导干部生态文明建设责任制，严格实行党政同责、一岗双责。通过制度创新和机制创新，压实地方党委和政府的生态文明建设和生态环境保护的政治责任，明确其为本行政区域的生态环境保护工作及生态环境质量负总责，主要负责人是本行政区域生态环境保护第一责任人。目前各领域部门主体责任不明，导致生态环境部门不得不承担过多责任，责权不匹配，既不能保证生态环保任务的顺利按时完成，又易产生廉政风险。2016 年《"十三五"生态环境保护规划》中就明确，建立严格的生态环境保护责任制度，合理划分中央和地方环境保护事权和支出责任，落实生态环境保护"党政同责""一岗双责"。2018 年 6 月《中共中央国务院关于全面加强生态环境保护坚决打好污染防治攻坚战的意见》中更是明确提出落实党政主体责任，抓紧出台中央和国家机关相关部门生态环境保护责任清单。当前，我国生态文明建设正处在"三期叠加"的关口，生态文明治理在多领域、多类型、多层面上都存在在问题与难点，生态环境保护责任清单有助于明确责任、优化资源配置。形成治理合力，确保各相关部门履行好生态环境保护职责。

其次，用好环境保护督察机制。习近平总书记高度重视中央生态环境保护督察，在每个关键阶段和重要环节，都作出重要指示批示。习近平总书记强调，开展环境保护督察，是党中央、国务院为加强环境保护工作采取的一项重大举措，对加强生态文明建设、解决人民群众反映强烈的环境污染和生态破坏问题具有重要意义。要坚持问题导向，总结试点经验、做好组织动员、加强力量配备、严格程序规范，认认真真把这项工作抓实抓好，推动生态文明建设不断取得新成效①。2019 年 6 月，中共中央办公厅、国务院办公厅印发《中央生态环境保护督察工作规定》（以下简称《督察规定》），首次以党内法规形式，明确督察制度框架、程序规范、权限责任等，充分体现了党中央、国务院强化督察权威，推进生态文明建设和生态环境保护的坚定意志和坚强决心，将为依法推动督察向纵深发展、不断夯实生态文明建设政治责任、建设美丽中国发挥重要保障作用②。新时代的生态环境保护督察工作，将以解决突出生态环境问题、改善生态环境质量、推动高质量发展为重点，夯实生态文明建设和生态环境保护政治责任，强化督察问责、形成警示震慑、推进工作落实、实现标本兼治，不断满足人民日益增长的美好生活需要。

最后，以考核问责为导引。党政干部考核是指挥棒、风向标、助推器，科学的考核方式有助于激励引导广大干部以更好的状态、更实的作风贯彻落实党中央决策部署，确保各级领导班子和领导干部在政治立场、政治方向、政治原则、政治道路上同以习近平同志为核心的党中央保持高度一致，推动全党统一意志、统一行动。党的十八大以来，中央不断加强生态问责力度。2015 年 1 月，新修订的环境保护法实施，被称为"史上最严环保法"。2016 年 7 月，中共中央印发了《中国共产党问责条例》，规定在推进生态文明建设中领导不力、出现重大失误、给党的事业和人民利益造成严重损失，产生恶劣影响的应当予以问责。同年 12 月，中央办公厅、国务院办公厅印发了《生态文明建设目标评价考核办法》，规定生态文明建设目标评价考核实行"党政同责"，地方党委和政府领导成员生态文明建设"一岗双责"。十八届三中全会明确指出"必须建立系统完整的生态文明制度体系，实行最严格的源头保护制度、损害赔偿制度、责任追究制度，完善环境治理和生态修复制度，用制度保护生态环境"，并提出要"建立生态环境

---

①李干杰. 依法推动中央生态环境保护督察向纵深发展 [N]. 人民日报，2019-06-18（014）.

②中共中央办公厅国务院办公厅印发《中央生态环境保护督察工作规定》[EB/OL].http：//www.gov.cn/zhengce/2019-06/17/content_5401085.htm，2020-02-01.

损害责任终身追究制"。2018 年 6 月《中共中央 国务院关于全面加强生态环境保护坚决打好污染防治攻坚战的意见》要求对各省（自治区、直辖市）党委、人大、政府以及中央和国家机关有关部门污染防治攻坚战成效考核办法，同时开展领导干部自然资源资产离任审计。用制度保障生态文明建设，用问责考核来推动党生态治理的现代化，进而推动形成绿色发展方式和绿色生活方式，这是新时代党治国理政的一大创举也是对广大党员领导干部执政能力的现实考验。

四、提高党领导生态治理的水平

中国共产党是中国特色社会主义伟大事业的领导核心，生态文明建设是党领导的伟大事业的重要内容，党的建设新的伟大工程必须坚持同推进党领导的伟大事业紧密结合、协同发力。新时代生态文明党建工作理应将服务生态文明建设作为核心任务，承担着服务中心、建设队伍的职能，具有思想引领、凝心聚力、正风肃纪、横向联合、桥梁纽带的作用。在建设"美丽中国"的伟大历史征程中，以党风带行风促政风，打造一支忠诚、干净、担当的环保铁军，为推动生态文明建设和环境保护提供不竭动力。

（一）党建为魂

提高党建现代化的水平，是深入学习贯彻习近平新时代中国特色社会主义思想尤其是习近平生态文明思想的重要体现。

其一，提升党建现代化水平，要更好地发挥党组织的思想引领作用。重视理论学习，是我们党的优良传统和政治优势。生态文明建设是新时代中国特色社会主义事业的重要组成部分，党的各级领导干部和人民群众都需要以马克思主义生态思想特别是习近平生态文明思想武装头脑、指导实践，坚定社会主义生态文明事业的理论自信。通过加强党政干部和人民群众的习近平生态文明思想，全面提升党员干部这个"关键少数"的生态文明建设思想政治素质和生态治理能力素养。要抓住领导干部这个关键少数，以学习型政党建设为契机，切实改变领导干部的观念认识，起到"以上率下"的示范引领效应。生态文明建设的成败关键在于领导干部执政理念的生态化，尤其发展理念和政绩观的生态化。本研究以"全文＝党委 and 全文％集体学习 or 全文％专题研讨 and 全文％生态文明"为检索语句在百度搜索引擎进行检索，结果显示相关条目不足一页。这显示各级党委以生态文明为内容的学习型政党建设还有待加强，对党员领导干部的思想引领在方式方法上应当更加丰富和完善。思想领导的生态化另一个重点就是要加强社会主义生态文明建设理论的建设与宣传。做好新时代生态文明建设工作，既需要党委、政府的高度重视和各部门的共同努力，更需要全社会的广泛参与和积极支持。

其二，提升党建现代化水平，要更好地发挥党组织的战斗堡垒作用。充分发挥党组织的战斗堡垒作用是党领导我国革命和建设的一条成功经验。党建的现代化水平提升的题中之义就是管理方式和制度体系的现代化，剔除影响组织凝聚力的不良因素，实现组织建设和运行的现代化，通过细致的思想政治工作和人文关怀来引导人、激励人、凝聚人。习近平总书记指出："打好污染防治攻坚战时间紧、任务重、难度大，是一场大仗、硬仗、苦仗，必须加强党的领导。"①"十四五"期间要加强制度建设，为环保铁军提供坚实的组织保障。各级党委和生态环保机关要建立责权明确、统筹协调的党建工作管理制度，落实党建工作责任制，实现党建工作项目化管理，建立健全生态文明建设党内监督机制，更好地实现机关党建服务中心、建设队伍的总体目标。确实保障机关党组织战斗堡垒作用和党员干部先锋模范作用的充分发挥。将各级环保机关党组织建成环保铁军的坚实堡垒，将党中央所确立的生态文明建设发展战略和方针政策全面、正确地贯彻实施。

其三，提升党建现代化水平，要更好地发挥党组织的协调统筹作用。生态文明建设是一项系统工程，要统领和融入经济建设、政治建设、文化建设和社会建设各方面和全过程。生态文明建设融入"四大建设"，就需要环保机关与"四大建设"相关职能部门形成合力，协同推进，改变以往分割治理的局面。由于历史和体制等方面的影响，传统的党建工作推进生态文明建设存在着认识不足、党建的平台载体单一、党建与业务"两张皮"、基层组织还不健全、纪检体制改革对接不到位、科学的考评机制尚未建立等问题。新时期生态文明领域的党建现代化，要以全面从严治党为主线，立足"服务中心、建设队伍"两大核心职责，创新党建工作，构建大党建格局，促进组织统筹融合，尤其是促进生态行政部门间的协同合作，实现党组织内部的统筹协调为推动生态环境保护事业改革发展提供坚强保证。

（二）组织强基

提高党领导生态治理的水平要以党的组织建设为基础。党的组织机构是生态文明建设的主要执行者和主要推动力。

党中央的生态文明领导机构是实现党在生态文明领域全面领导的组织保障。党的十八大之后，成立中央全面深化改革领导小组（简称为深改小组），负责改

---

① 习近平. 推动生态文明建设迈上新台阶 [J]. 求是，2019（3）.

革的总体设计、统筹协调、整体推进、督促落实，其中生态文明体制改革是其主要职责，专设了经济体制和生态文明体制改革专项小组，并排在六个专项小组的第一位，足以体现中共中央对生态文明建设和环境保护的高度重视，也足以体现生态文明体制改革的迫切程度。小组是转型时期中国政治生活中的产物，发挥着特殊的政治价值。高级别的小组能够提升特定治理议题的关注度，有效沟通、协调、统筹不同部门间资源，弥补现有治理手段的不足，成为特定治理一体的有效组织保障。为了加强新时代党对生态文明建设的全面领导，建议党中央适时成立"中国共产党中央生态文明工作委员会"。

加强环保部门的一把手的职级配置是提高党在生态文明领域全面领导最为直接、见效较快一个措施。"党管干部"的原则，是中国共产党长期坚持的一项重要原则，是党的组织路线为政治路线服务的一项有力保障。在我国的政治体制中，部门负责人的职级配置往往反映出党中央对该部门主管业务的重视程度，在实际中也确保了该部门具有了强势的话语权，能够确保党的意志得到较好地执行。一项对全国省级环保厅局长调查显示，近二十年来，全国有九十九位环保厅局长先后卸任，其中，真正意义职级晋升、由正厅到副省的只有一位，仅相当于 1%；二十六位转任其他部门或交流到地市，占 26%；其余 70% 以上或到人大、政协、非政府组织等二线岗位继续工作，直至退休。环保部门的负责人几无上升空间。[1]这就造成了组织部门选人用人时不将优秀人才向环保部门倾斜，同时优秀的领导干部不愿到环保部门工作的困境。目前就急需各级党委对生态环保部门的负责人的配置予以高度关注，大胆改革，强势配备负责人，打通他们的上升空间渠道，以带动整个环保体系的队伍建设，在全社会树立履职环保是一个高点起步的用人导向。

（三）制度创新

党政综合治理的"双领导制"模式是实现党在生态文明领域全面领导的创新之举。2015 年党中央颁布了《党政领导干部生态环境损害责任追究办法（试行）》，其中第三条规定"地方各级党委和政府对本地区生态环境和资源保护负总责，党委和政府主要领导成员承担主要责任，其他有关领导成员在职责范围内承担相应责任"[2]。该规定首次明确了在生态文明建设中，党政同责的原则，改变了以往

---

①郭永园. 协同发展视域下的中国生态文明建设研究 [D]. 湖南大学，2015.

②《党政领导干部生态环境损害责任追究办法（试行）》[EB/OL].http://www.gov.cn/zhengce/2015-08/17/content_2914585.htm，2020-1-15.

以"问责政府"为主的生态治理政治责任模式，开启了党政综合治理的"双领导制"模式。为落实生态文明建设的党政同责，近年来各省市纷纷成立了党委书记和政府负责人共同担任组长的生态环境保护委员会。"双组长制"的生态环境委员会旨在以贯彻落实党中央、国务院关于生态文明建设和生态环境保护工作的重大决策部署，统筹协调各地区生态环境保护工作重大问题，强化综合决策，形成工作合力，推进各地区生态文明建设和生态环境保护工作进一步开展。各地生态环境保护委员会由党委书记、地方政府负责人任主任，常务副省（市）长、分管副省（市）长任副主任，负有生态环境保护职责的部门及有关单位、组织、机构主要负责同志为成员。委员会办公室设在生态环境厅（局）。

综合化的行政执法是提高党领导生态治理水平的主要抓手。行政执法是现代国家生态治理的主要方式和主要手段。生态系统是由不同的生态要素组成的，不同的生态要素之间互相联系。但是我国的传统的生态环境行政管理体制脱胎于计划经济体制，延续了条块分割的管理方式，把生态管理的职能根据生态要素分割为不同的部门管理，形成了"九龙治水"的碎片化治理格局。党的十八届三中全会《中共中央关于全面深化改革若干重大问题的决定》、党的十八届四中全会《中共中央关于全面推进依法治国若干重大问题的决定》均明确要求推进生态文明领域的综合执法。2018 年 12 月中共中央办公厅、国务院办公厅印发《关于深化生态环境保护综合行政执法改革的指导意见》（以下简称《指导意见》）。《指导意见》要求深化生态环境保护综合行政执法改革，统筹执法资源和执法力量，整合相关部门生态环境保护执法职能，组建生态环境保护综合执法队伍。总体目标为有效整合生态环境保护领域执法职责和队伍，科学合规设置执法机构，强化生态环境保护综合执法体系和能力建设。到 2020 年基本建立职责明确、边界清晰、行为规范、保障有力、运转高效、充满活力的生态环境保护综合行政执法体制，基本形成与生态环境保护事业相适应的行政执法职能体系。[①]

---

①国务院办公厅关于生态环境保护综合行政执法有关事项的通知 [EB/OL].http：//www.chinanews.com/gn/2020/03-09/9119034.shtml.

第四章
绿色治理的制度体系

一、绿色治理的管物制度

中国共产党十八届三中全会确立了生态文明制度建设在全面深化改革总体部署中的地位，提出"必须建立系统完整的生态文明制度体系，用制度保护生态环境"，"要健全自然资源资产产权制度和用途管制制度，划定生态保护红线，实行资源有偿使用制度和生态补偿制度，改革生态环境保护管理体制"。《生态文明体制改革总体方案》指出：坚持自然资源资产的公有性质，创新产权制度，落实所有权，区分自然资源资产所有者权利和管理者权力，合理划分中央地方事权和监管职责，保障全体人民分享全民所有自然资源资产收益。构建归属清晰、权责明确、保护严格、流转顺畅、监管有效的自然资源资产产权制度，目的就是要以产权制度改革为杠杆，推动生态文明建设。产权是指经济主体对于财产拥有法定关系并由此获得利益的权利，包括所有权、支配权、收益权等。健全生态文明产权制度是为了使生态资源具有明确的主人，使其获得使用这些资源的利益，同时承担起保护资源的责任。

（一）自然资源

自然资源资产产权制度是加强生态保护、促进生态文明建设的重要基础性制度。自然资源的资产产权在《宪法》《物权法》以及各个专项的资源法律文件中有所体现，确立了自然资源国家所有和集体所有多种形式的使用权制度，确立了国家所有权由国务院代理的规定，对各类资源普遍缺了不动产登记制度和资源有偿使用制度，在土地、矿产等领域引入比较完整的资源出让和转让市场交易制度，初步形成了自然资源正常产权制度体系。但是目前的制度规范原则较强，产权归属不清和权责不明的情形在资源领域普遍存在，统一登记刚刚起步，资产核算和监管体系尚未建立，独立、完整的自然资源资产管理体系尚未形成。资源产权制度的完善要对水流、森林、山岭、草原、荒地、滩涂等自然生态空间进行统一确权登记，形成归属清晰、权责明确、监管有效的自然资源资产产权制度。

根据自然资源的构成以及我国生态文明建设的实际需要，我国的自然资源产权主要集中在水、森林、矿产和能源领域。改革开放以来，我国自然资源资产产权制度逐步建立，在促进自然资源节约集约利用和有效保护方面发挥了积极作用，但也存在自然资源资产底数不清、所有者不到位、权责不明晰、权益不落实、监管保护制度不健全等问题，导致产权纠纷多发、资源保护乏力、开发利用粗放、生态退化严重。为加快健全自然资源资产产权制度，进一步推动生态文明建设，2019年4月，中共中央办公厅、国务院办公厅印发《关于统筹推进自然资源资产产权制度改革的指导意见》（以下简称《自然产权意见》）。

《自然产权意见》指出新时代自然资源产权制度建设，首先就是要健全自然资源资产产权体系。在中国特色社会主义法治框架下，自然资源产权具有所有权与使用权分离的现实境遇。我国法律比较注意自然资源权属制度的规定，早在《1954年宪法》中，第六条第三款就明确规定："矿藏、水流，由法律规定为国有的森林、荒地和其他资源，都属于全民所有。"后来的1975年、1978年和1982年宪法中都有关于自然资源权属事宜的原则性规定。现行宪法（2004年修正）第九条第一款规定，矿藏、水流、森林、山岭、草原、荒地、滩涂等自然资源，都属于国家所有，即全民所有；由法律规定属于集体所有的森林和山岭、草原、荒地、滩涂除外。第十条第一、二款分别规定"城市的土地属于国家所有""农村和城市郊区的土地，除由法律规定属于国家所有的以外，属于集体所有；宅基地、自留地、自留山，也属于集体所有。

自然资源使用权是指，国家、单位或者个人依法对国家、单位或者个人所有的自然资源进行占有、使用，并且享有或者取得相应利益或者收益的权利。同自然资源所有权一样，自然资源使用权也有一套取得、变更和消灭的制度。但是，两者之间存在着两点较大差别。①相对于自然资源所有权主体的范围而言，自然资源使用权的主体更为广泛，几乎任何单位和个人都可以成为自然资源使用权的主体。②相对于自然资源所有权而言，自然资源使用权的内容受自然资源所有权和环境保护以及生态规律的制约较大。根据有关法律的规定，我国自然资源使用权的取得方式主要有确认取得、授予取得、转让取得、开发利用取得四种方式。①确认取得，是指自然资源的现有使用人依法向法律规定的国家机关申请登记，由后者登记造册并核发使用权证从而取得自然资源使用权的情形。②授予取得，是指单位或者个人依法向有关政府或其行政主管部门提出申请，后者依法将被申请的自然资源使用权授予申请人的情形。③转让取得，是指单位或者个人按照法律规定或者认可的程序，通过买卖、出租、承包等形式而取得自然资源使用权的情形。④开发利用取得，是指单位或者个人依法通过开发利用活动而取得自然资源使用权的情形。①

　　新时代要创新自然资源产权制度，急需处理好自然资源资产所有权与使用权的关系，创新自然资源资产全民所有权和集体所有权的实现形式。第一，落实承包土地所有权、承包权、经营权"三权分置"，开展经营权入股、抵押，并探索宅基地所有权、资格权、使用权"三权分置"。第二，加快推进建设用地地上、地表和地下分别设立使用权，促进空间合理开发利用。第三，探索研究油气探采合一权利制度，加强探矿权、采矿权授予与相关规划的衔接。第四，探索海域使用权立体分层设权，加快完善海域使用权出让、转让、抵押、出租、作价出资（入股）等权能。"十四五"期间，自然资源产权制度建设要与自然资源多种属性以及国民经济和社会发展需求，与国土空间规划和用途管制相衔接，推动自然资源资产，构建分类科学的自然资源资产产权体系，着力解决权利交叉、缺位等问题。

自然资源产权制度框架

资源类型	特点	产权	
		所有权	使用权
水资源	总量控制	国家	取水权 可交易水权
森林资源	资源的互相依赖性	公益林－国家、集体、个人 商品林－个人	林地资源权 林木等生物资源权 森林生态资源权
矿产资源	代际稀缺性	国家	采矿权 探矿权
能源资源	总量与总量双控制	国家	用能权 交易用能权

来源：《生态文明制度建设研究》973

①胡德胜.环境资源法学[M].北京：北京大学出版社，2018：303-304.

（二）环境资源

环境资源是影响人类生存和发展的各种天然的和经过人工改造的自然因素的总体，包括大气、水、海洋、土地、森林、草原、自然保护区、湿地，等等，它能够提供人们生产和生活所必需的要素，如清洁的空气和水；同时也能吸纳人们生产和生活所排放的废物，如废水、废气和废渣。环境资源不同于单独的某种自然资源如水资源、大气资源，它由各种自然资源复合组成而发挥作用。环境资源既包括自然环境资源也包括人工环境资源。[1]环境资源产权是一种新型的、独立的、符合的权利，涉及一系列影响资源利用的权利，完备的环境资源产权应该包括关于对环境资源利用的所有权利，即包括环境资源所有权、使用权、转让权、收益权，等等。环境资源产权主要包括排污权和生态保护受益权，排污权主要包括固体排污权、大气排污权和水体排污权。

环境资源产权制度包括环境资源产权的界定、行使、交易、保护等内容，其中环境资源产权界定是前提性、基础性制度。如果产权界定不清，存在争议或边界模糊，就会给产权行使和交易带来各种障碍，导致产权交易无法顺利进行，造成产权交易活动的无效率或负效率。同时给产权保护增加困难，浪费产权保护的行政和司法资源。环境资源产权界定本身还是一种资源配置方式，产权界定带有政策性和竞争性，政策倾向和竞争机制必然引导资源向资源利用效率高的领域流动，从而实现资源的优化配置。环境资源产权界定是指国家通过行政或法律手段对资源环境产权进行确认或许可的活动。环境资源产权的界定方式包括行政确认、行政许可和法律确认三种方式。行政确认是指对环境资源的产权进行法律上的确认。行政许可是对政府代表国家所拥有的环境资源产权根据一定的原则和程序授予市场主体的活动。由于行政许可对于政府是一种以公共利益为基础的获利行为，对市场主体则是一种逐利行为，行政许可过程中往往存在"设租""寻租"和"竞租"现象。因此，行政许可必须按照法定的程序，坚持公开透明、竞争择优、公益优的原则实施。法律确认是指法律规定产权获得的标准，只要符合法律规定的标准，自然就取得产权。法律确认是产权界定中的主体部分，只有那些重要的资源才通过行政许可和行政确认的方式进行界定。建立排污权有偿使用和交易制度，是我国环境资源领域一项重大的、基础性的机制创新和制度改

---

①左正强.我国环境资源产权制度构建研究 [D].西南财经大学，2009：17.

②沈满洪等.生态文明制度建设研究 [M].北京：中国环境出版社，2017：371-372.

革，是生态文明制度建设的重要内容，将对更好地发挥污染物总量控制制度作用，在全社会树立环境资源有价的理念，促进经济社会持续健康发展产生积极地影响。

在排污权制度方面，我国在 20 世纪 80 年代开始探索排污权交易制度，40 余年的发展过程中相关制度建设逐步完善和成熟，但是目前尚未形成一部全国性的排污权交易的法律规范。1987 年，上海市颁布了《上海市黄浦江上游水源保护条例》，第六条规定"一切有废水排入上述水域的单位应在本条例生效后三个月内，向所在区、县环境保护部门提出污染物排放申请，由环境保护部门按照污染物排放总量控制的要求进行审核、批准，统一颁发《排污许可证》。各排污单位应按规定排放污染物，并交纳排污费。未经许可，不准擅自排放污染物"。该法律可以视为是我国最早的排污权管理的地方性法规。1988 年 3 月原国家环保局颁布的《水污染物排放许可证管理暂行办法》第四章第二十一条规定："水污染物排放总量控制指标，可在本地区的排污单位间相互调剂。"1989 年 7 月原国家环保局颁布的《水污染防治法实施细则》第九条规定："超过国家规定的企业事业单位污染物排放总量应当限期治理"；"企事业单位向水体排放污染物的，必须向所在地环境保护部门提交《污染申报登记表》。环境保护部门收到《污染申报登记表》后，经调查核实，对不超过国家和地方规定的污染物排放标准及国家规定污染物排放总量指标的，发给排污许可证"。此后，海南、上海、山西等地相继出台了地方性排污权管理的法规或制度性文件。2000 年 4 月，第九届全国人大常务委员会第十五次会议通过了新修订的《大气污染防治法》，第十五条规定："国务院和省、自治区、直辖市人民政府对尚未达到规定的大气环境质量标准的区域和国务院批准划定的酸雨控制区、二氧化硫污染控制区，可以划定为主要大气污染物排放总量控制区；主要大气污染物排放总量控制的具体办法由国务院规定；大气污染物总量控制区内有关地方人民政府依照国务院规定的条件和程序，按照公开、公平、公正的原则，核定企业事业单位的主要大气污染物排放总量，核发主要大气污染物排放许可证；有大气污染物总量控制任务的企业事业单位，必须按照核定的主要大气污染物排放总量和许可证规定的排放条件排放污染物。"该法明确规定了大气污染物的总量控制和大气污染物排放许可制度。2008 年 2 月，《中华人民共和国水污染防治法》修订通过，第十八条规定："国家对重点水污染物排放实施总量控制制度。省、自治区、直辖市人民政府应当按照国务院的规定削减和控制本行政区域的重点水污染物排放总量，并将重点水污染物排放总量控制指标分解落实到市、县人民政府。市、县人民政府根据本行政区域重点水污染物排放总量控制指标的要求，将重点水污染物排放总量控制指标分解落实到排污单位。具体办法和实施步骤由国务院规定"。第二十条规定："国家实行排污许可制度。直接或者间接向水体排放工业废水和医疗污水以及其他按照规定应当取得排污许可证方可排放的废水、污水的企业事业单位，应当取得排污许可证；城镇污水集中处理设施的运营单位，也应当取得排污许可证。排污许可的具体办法和实施步骤由国务院规定。"这标志着水污染物总量控制和水污染物排放许可证制度正式建立。

2007年以来，国务院有关部门组织天津、河北、内蒙古自治区等11个省（区、市）开展排污权有偿使用和交易试点，取得了一定进展。为进一步推进试点工作，促进主要污染物排放总量持续有效地减少，2014年国务院办公厅发布了《关于进一步推进排污权有偿使用和交易试点工作的指导意见》。该意见明确指出要建立排污权有偿使用制度和加快推进排污权交易。建立排污权有偿使用制度首先是严格落实污染物总量控制制度。实施污染物排放总量控制是开展试点的前提，将污染物总量控制指标分解到基层，不得突破总量控制上限。其次，合理核定排污权。核定排污权是试点工作的基础，每五年应根据有关法律法规标准、污染物总量控制要求、产业布局和污染物排放现状等核定一次。最后，实行排污权有偿取得。试点地区实行排污权有偿使用制度，排污单位在缴纳使用费后获得排污权，或通过交易获得排污权。排污单位在规定期限内对排污权拥有使用、转让和抵押等权利。对现有排污单位，要考虑其承受能力、当地环境质量改善要求，逐步实行排污权有偿取得。新建项目排污权和改建、扩建项目新增排污权，原则上要以有偿方式取得。有偿取得排污权的单位，不免除其依法缴纳排污费等相关税费的义务。此外，该意见还强调了要规范排污权出让方式和加强排污权出让收入管理[①]。在加快推进排污权交易方面，该意见重点在于规范交易行为和控制交易范围。排污权交易应在自愿、公平、有利于环境质量改善和优化环境资源配置的原则下进行。交易价格由交易双方自行确定，要严格按照《国务院关于清理整顿各类交易场所切实防范金融风险的决定》（国发〔2011〕38号）等有关规定，规范排污权交易市场。排污权交易原则上在各试点省份内进行，涉及水污染物的排污权交易仅限于在同一流域内进行。火电企业原则上不得与其他行业企业进行涉及大气污染物的排污权交易。环境质量未达到要求的地区不得进行增加本地区污染物

①国务院办公厅关于进一步推进排污权有偿使用和交易试点工作的指导意见[EB/OL].http://www.gov.cn/zhengce/content/2014-08/25/content_9050.htm，2020-1-19.

总量的排污权交易。工业污染源不得与农业污染源进行排污权交易。

环境资源产权制度框架

环境产权分类		特点	产权	
			所有权	使用权
排污权	固体排污	总量控制	国家	排污权有偿使用
	水体排污	节能减排		
	大气排污	增量下降		排污权交易
生态权	环境的生态受益权	人与自然	生态物	生态安全权
		自然与自然		生态利益权
		代内与代际		生态选择权
		国内与国际		生态保护权

（三）气候资源

碳排放权，是指能源消费过程中排放的温室气体总量，包括可供的碳排放权和所需的碳排放权两类。碳排放权交易的概念源于 1968 年，美国经济学家戴尔斯首先提出的"排放权交易"概念，即建立合法的污染物排放的权利，将其通过排放许可证的形式表现出来，令环境资源可以像商品一样买卖。当时，戴尔斯给出了在水污染控制方面应用的方案。随后，在解决二氧化硫和二氧化氮的减排问题中，也应用了排放权交易手段。排污权交易是市场经济国家重要的环境经济政策，美国国家环保局首先将其运用于大气污染和河流污染的管理。此后，德国、澳大利亚、英国等也相继实施了排污权交易的政策措施。排污权交易的一般做法是：政府机构评估出一定区域内满足环境容量的污染物最大排放量，并将其分成若干排放份额，每个份额为一份排污权。政府在排污权一级市场上，采取招标、拍卖等方式将排污权有偿出让给排污者，排污者购买到排污权后，可在二级市场上进行排污权买入或卖出。国际上认为，虽然 2002 年荷兰和世界银行就率先开展碳排放权交易，但是全球碳排放市场诞生的时间应为 2005 年。

1997 年，全球 100 多个国家因全球变暖签订了《京都议定书》，该条约规定了发达国家的减排义务，同时提出了三个灵活的减排机制，碳排放权交易是其中之一。2005 年，伴随着《京都议定书》的正式生效，碳排放权成为国际商品，越来越多的投资银行、对冲基金、私募基金以及证券公司等金融机构参与其中。基于碳交易的远期产品、期货产品、掉期产品及期权产品不断涌现，国际碳排放权交易进入高速发展阶段。2015 年 12 月 12 日，巴黎气候变化大会通过《巴黎协定》，2016 年 4 月 22 日，175 个国家正式签署联合国气候变化《巴黎协定》，

2016 年 11 月 4 日，《巴黎协定》正式生效，全世界开启了可持续发展的道路。《巴黎协定》提出 2030 年全球温室气体排放要降到 400 亿吨，比 2010 年下降 100 亿吨。各缔约方要将全球平均气温较工业化前水平升高控制在 2℃ 之内，并力争把升温控制在 1.5℃ 内。并且《巴黎协定》要求，2050 年之前全球碳排放总量下降到 150 亿吨／年。也就是说，到 2050 年全球碳排放总量要下降 2/3。此外，我国做出了自己的减排承诺，提出二氧化碳排放 2030 年左右达到峰值并争取尽早达峰、单位国内生产总值二氧化碳排放比 2005 年下降 60%—65% 等自主行动目标。

《巴黎协定》生效当日，国务院印发了《"十三五"控制温室气体排放工作方案》（以下简称《方案》）。为达到二氧化碳控排及承诺峰值的目标，《方案》明确到 2020 年，我国单位国内生产总值二氧化碳排放比 2015 年下降 18%，要力争在 2020 年能源体系、产业体系和消费领域低碳转型取得积极成效。这其中，碳排放权交易成为了最重要的手段和方式。2017 年我国启动了全国的碳市场，目前各项准备工作正在积极进行。中国碳市场成为了全球碳排放交易中规模最大的市场。

我国以往的节能减排工作中过于依赖行政手段，虽然取得阶段性良好减排效果，但政府监管成本和社会减排成本过高，造成了一定的社会经济损失并产生较大的负面影响。近些年来，欧盟碳市场和中国碳排放权交易试点通过实践证明：市场手段是减少温室气体排放的有效政策工具，能够有效降低全社会的减排成本，并充分调动企业减排的积极性。党的十八大报告中就明确指出：积极开展碳权交易制度十点；党的十八届三中全会进一步名额提出碳权交易制度建设。在具体操作层面，我国相继出台了《中国应对气候变化国家方案》《"十二五"控制温室气体排放工作方案》《国家适应气候变化战略》《国家应对气候变化规划（2014—2020 年）》《"十三五"控制温室气体排放工作方案》等一系列政策文件，加快推进中国产业结构和能源结构调整，开展节能减排和生态文明建设，积极应对气候变化。2011 年 10 月，中国国家发展和改革委员会印发《关于开展碳排放权交易试点工作的通知》，批准在北京、天津、上海、重庆、湖北、广东和深圳开展碳排放权交易试点工作，相对比较多的行业是电力、热力、钢铁、陶瓷、石化、化工、纺织、有色、塑料、造纸、油气开采等工业类的；此外，还有些属于非工业类的，如航空、港口、机场、铁路、金融、宾馆及大型公共建筑等排放量也是比较大的目前已基本建设成权责明晰、运行顺畅、交易活跃、履约积极的区域碳市场。在试点区域中，深圳市建立了全国首个碳排放权交易市场，碳排放权交易体系覆盖了城市碳排放总量的 40%，配额累计成交量 1807 万吨，累计成交额 5.96 亿元，是目前覆盖企业数量最多、交易最活跃、减排效果最显著的试点地区。为推进全国碳排放交易市场建设，国家先后制定了《碳排放权交易管理暂行条例》等碳市场相关法规和政策，推动全国碳排放权注册登记系统和交易系统建设。陆续发布了 24 个行业企业排放核算报告指南和十三项碳排放核算国家标准。2017 年 12 月 18 日，国家发改委（原气候变化主管部门）印发了《全国碳排放权交易市场建设方案（发电行业）》，标志着中国碳排放交易体系完成了总体设计并正式启动，文件要求将发电行业作为首批纳入行业，率先启动碳排放交易。2018 年在新一轮国家机构改革中，应对气候变化的职能被划归为生态环境部主管，这将更为顺畅推进全国全国碳排放交易计划（ETS）的迅速取得"突破"。据统计，2019 年全国试点地区的碳交易量已达 92.85 百万吨，交易价值大 20855.6 亿元，较 2018 年增长 27.7%。

全国碳排放交易

试点	2019 年			2018—2019 年涨跌幅		
	交易量（百万吨）	价值（百万欧元）	平均价格（欧元/吨）	交易量	价值	价格
广东	45.38	111.05	2.15	60.00%	141.70%	51.00%
深圳	14.55	19.05	1.31	13.70%	−51.30%	−57.20%
湖北	12.49	43.40	3.47	12.90%	40.70%	24.70%
北京	7.07	55.25	7.81	−20.80%	24.20%	56.90%
上海	6.89	29.47	4.28	13.90%	27.10%	11.50%
福建	4.07	8.93	2.20	38.50%	36.40%	−1.50%
重庆	1.27	2.68	2.12	369.80%	1654.40%	273.40%
天津	1.13	2.06	1.82	−50.60%	−40.40%	20.50%
总计	92.85	271.89	2.93	27.70%	40.3	9.9

二、绿色治理的管事制度

（一）空间管治

国土是生态文明建设的空间载体。生态文明空间管治制度是对生态环境空间利用方式的国家管理，通过国家干预，实现人类社会与生态环境之间的和谐发展。自然资源用途管理就是建立空间规划体系，划定生产、生活、生态空间开发管制界限，落实用途管制。用途管理主要就是按照现行的主体功能区划与各项资源与生态环境法律所规定的规划和功能区划制度、自然保护区制度来确定自然资源的利用方式。

20世纪80年代，我国就开始在生态环境空间管控领域进行探索，先后制定了以环境要素管理为目标的大气环境功能区划、声环境功能区划、水环境功能区划、土壤环境功能区划等单项生态环境要素空间管控的规划，相关成果在生态环境保护五年规划、生态省（市、县）建设规划、生态环境保护专项规划中得到了实践性的应用，特别是水功能区划、水环境功能区划和生态功能分区研究取得了一系列应用性成果。这一阶段以单要素环境功能区划为主，虽然对环境保护起到了积极作用，但在区域层面上以协调区域环境保护与经济发展，提高环境管理能力为目的的综合性环境区划研究较少。以功能区划为主的发展阶段2006年，国家"十一五"规划纲要将"推进形成主体功能区"作为"促进区域协调发展"的重要内容，2008年，原环境保护部和中国科学院联合编制了《全国生态功能区划》，在此研究基础上，2012年，原环境保护部发布了《全国环境功能区划编制技术指南（试行）》，并先后在河南、湖北等13个省（自治区）分两批开展了环境功能区划编制试点①。

目前在自然资源中对土地的用途管理较为详细，《土地管理法》以及土地利用总规划将土地划分为农业用地、建设用地和未利用地。自然保护区制度也具有资源用途管理的功能。但是目前在资源用途管理领域还存在较大的问题，即资源与生态保护领域的各种规划区划互不一致、交叉重叠，统一的国土空间规划尚未形成，而问题的根源在于主体功能区划的法律地位不明确，因此，资源用途管理制度的完善主要就是要通过制度的创设和修订，确立主体功能区划的法律地位，建立统一的国土空间规划体系。

党的十八大明确指出："加快建立生态文明制度，健全国土空间开发、资源节约、生态环境保护的体制机制，推动形成人与自然和谐发展现代化建设新格局。"在第八章"大力推进生态文明建设"中第一条目就是提出要优化国土空间开发格局："要按照人口资源环境相均衡、经济社会生态效益相统一的原则，控制开发强度，调整空间结构，促进生产空间集约高效、生活空间宜居适度、生

---

① 蒋洪强, 刘年磊, 胡溪, 许开鹏. 我国生态环境空间管控制度研究与实践进展 [J]. 环境保护, 2019(13).

态空间山清水秀，给自然留下更多修复空间，给农业留下更多良田，给子孙后代留下天蓝、地绿、水净的美好家园。加快实施主体功能区战略，推动各地区严格按照主体功能定位发展，构建科学合理的城市化格局、农业发展格局、生态安全格局。提高海洋资源开发能力，发展海洋经济，保护海洋生态环境，坚决维护国家海洋权益，建设海洋强国。"党的十八届三中全会提出要围绕建设美丽中国深化生态文明体制改革，加快建立生态文明制度，其中健全国土空间开发成为了头等大事，加强主体功能区建设成为了这项工作的主要抓手。全会公报明确表示"坚定不移实施主体功能区制度"，推动形成以"两横三纵"为主体的城市化战略格局、以"七区二十三带"为主体的农业战略格局、以"两屏三带"为主体的生态安全战略格局，以及可持续的海洋空间开发格局。强化主体功能区作为国土空间开发保护基础制度的作用，加快完善主体功能区政策体系，推动各地区依据主体功能定位发展。主体功能区在我国生态文明建设中的地位和价值分别提升到了极其重要的高度，这标志着我国在区域发展思路上已进入"空间管制时代"。

三中全会还明确提出了生态红线这一具有中国特色的生态空间管治制度。生态保护的红线是从国土空间开发限制和资源环境承载力两个方面划定严格的保护界限，为严格控制各类开发活动逾越生态保护红线奠定科学基础。现有的制度规范已有部分体现，如《土地管理法》划定的基本农田保护区、自然保护区制度、《水法》规定的用水总量等，2011年6月发布的《全国主体功能区规划》是生态保护红线的重要依据。但从实施的情况而言，前述的相关规定并没有的达到较好的执行，根源在于缺乏系列的制度保障规范。完善生态保护的红线制度迫切需要构架完整系统的国土空间规划法律，适时地制定和出台《国土规划法》作为生态保护红线的根本法律依据，明确主体功能区的法律约束力，确保严格按照主体功能区规划和相关国土规划的定位实施区域开发和保护。同时要建立资源环境承载能力监测预警机制，对水土资源、环境容量和海洋资源超载区域实行限制性措施；探索编制自然资源资产负债表，对领导干部实行自然资源资产离任审计，建立生态环境损害责任终身追究制。2015年10月，党的十八届五中全会审议通过的《中共中央关于制定国民经济和社会发展第十三个五年规划的建议》指出：加快建设主体功能区。发挥主体功能区作为国土空间开发保护基础制度的作用，落实主体功能区规划，完善政策，发布全国主体功能区规划图和农产品主产区、重点生态功能区目录，推动各地区依据主体功能定位发展。以主体功能区规划为基础统筹各类空间性规划，推进"多规合一"。

目前国内生态管制制度体系主要包括四个方面：主体功能区划、土地用途管制、城市空间管制和环境管制。主体功能区划是依据不同区域资源环境承载力、现有开发强度和发展潜力、统筹谋划未来人口分布、经济布局、国土利用和城镇化格局，将国土空间划分为优化开发、重点开发、限制开发和禁止开发四类，确定主体功能定位，明确开发方向，控制开发强度，规划开发秩序，完善开发政策，逐步形成人口、经济、资源相协调的空间格局，目的知识完善开发政策、控制开发强度、规范开发秩序、确定不同区域的主体功能，主要以行政手段为主，包括采用宣传、指示、编制《规划》等方式要求各级政府做好主体功能区的管制工作。《国务院关于编制全国主体功能区规划的意见》（国发〔2007〕21号）明确了主体功能区划的划定标准为：一是资源环境承载能力。即在自然生态环境不受危害并维系良好生态系统的前提下，特定区域的资源禀赋和环境容量所能承载的经济规模和人口规模，主要包括：水、土地等资源的丰裕程度，水和大气等的环境容量，水土流失和沙漠化等的生态敏感性，生物多样性和水源涵养等的生态重要性，地质、地震、气候、风暴潮等自然灾害频发程度等。二是现有开发密度。主要指特定区域工业化、城镇化的程度，包括土地资源、水资源开发强度等。三是发展潜力。即基于一定资源环境承载能力，特定区域的潜在发展能力，包括经济社会发展基础、科技教育水平、区位条件、历史和民族等地缘因素，以及国家和地区的战略取向等。2011年6月8日《全国主体功能区规划》正式发布，根据不同区域的资源环境承载能力、现有开发密度和发展潜力，统筹谋划未来人口分布、经济布局、国土利用和城镇化格局，将国土空间划分为优化开发、重点开发、限制开发和禁止开发四类，确定主体功能定位，明确开发方向，控制开发强度，规范开发秩序，完善开发政策，逐步形成人口、经济、资源环境相协调的空间开发格局。其中，优化开发区域是指国土开发密度已经较高、资源环境承载能力开始减弱的区域；重点开发区域是指资源环境承载能力较强、经济和人口集聚条件较好的区域；限制开发区域是指资源承载能力较弱、大规模集聚经济和人口条件不够好并关系到全国或较大区域范围生态安全的区域；禁止开发区域是指依法设立的各类自然保护区域。此后，各个省市自治区自己出台了各级政府的主体功能区划方案。

资源有偿使用制度和生态补偿制度是资源管理的基本型经济制度。现有的制度规范普遍确立了自然资源有偿使用的法律制度，对生态补偿也有一些零散的规定。自然资源的有偿使用主要有三种形式。一是把自然资源纳入交易市场（国有建设用地使用权、探矿权和采矿权），出让或者转让的价格通过市场确定。二是对占有和使用自然资源按照规定收取费用，收费高低同资源的市场价格有直接关系（如水资源、海域使用权）。三是对占有和使用自然资源征收资源税或环境税费。生态补偿制度是对无法或难以纳入市场的生态系统的服务功能进行经济补偿的制度措施，主要方式是通过对生态系统的服务功能进行核算并通过受益者付费或公共财政补贴方式进行补偿，或者是对应保护生态系统在经济上受损者给予财政补贴[①]。有偿使用的制度一方面覆盖的资源要素并不全面，还有相当部分的资源没有纳入到有偿使用的领域；同时本应该有市场定价的资源依然由政府主导，不能反映市场的供求关系。另一方面环境资源税费的整体法律规范尚未出台，这些因素导致了资源的市场化调解无法实现，通过市场进行环境治理的目的难以完成。

（二）环境评价

环境影响评价，又称环境影响质量预测评价，有狭义和广义之分。狭义上是指在一定区域内进行开发建设活动，事先对拟建项目可能对周围环境造成的影响进行调查、预测和评定，并提出防治对策和措施，为项目决策提供科学依据；广义上是指进行某项重大活动（如经济发展政策、规划、重大经济开发计划等）之前，事先对该项活动可能给环境带来的影响进行评价[②]。

1964 年，在加拿大召开的国际环境质量评价会议提出了"环境影响评价"的概念。环境影响评价制度最早起源于美国 1969 年的《国家环境政策法》(National Environmental Policy Act，NEPA) 以法律形式规定了环境影响评价 (environmental impact assessment，EIA) 制度，成为世界上首个确立环境影响评价法律制度的国家。目前全球有一百多个国家均实行环境影响评价制度。我国政府层面首次接触到环境影响评价制度是 1972 年参加第一次联合国人类环境会议，在 1973 年召开的第一次全国环保工作会议上开始提出环境影响评价。1978 年国家发布了《关于加强基本建设项目前期工作内容》的文件，环境影响评价使之成为基本建设项目可行性研究报告中的重要篇章，环境影响评价第一次出现在国家法律文件之中。1979 年颁布的《环境保护法（试行）》对环境影响评价做出了具体规定：第六条第一款规定，一切企业、事业单位的选址、设计、建设和生产，都必须充分注意防止对环境的污染和破坏。在进行新建、改建和扩建工程时，必须提出对环境影响的报告书，经环境保护部门和其他有关部门审查批准后才能进行设计……第

---

① 郭永园 . 协同发展视域下的中国生态文明建设研究 [D]. 湖南大学，2015.

② 胡德胜 . 环境资源法学 [M]. 北京：北京大学出版社，2018：303-304.

七条规定：在老城市改造和新城市建设中，应当根据气象、地理、水文、生态等条件，对工业区、居民区、公用设施、绿化地带等作出环境影响评价，全面规划，合理布局，防治污染和其他公害，有计划地建设成为现代化的清洁城市。这是环境影响评价第一次被国家环境保护综合性法律明确为一项法律制度。我国成了最早实施建设项目环境影响评价制度的发展中国家之一。1989 年的《环境保护法》第十三条第二款曾规定，建设项目的环境影响报告书，必须对建设项目产生的污染和对环境的影响作出评价，规定防治措施，经项目主管部门预审并依照规定的程序报环境保护行政主管部门批准。环境影响报告书经批准后，计划部门方可批准建设项目设计任务书。第 36 条规定了法律责任，建设项目的防治污染设施没有建成或者没有达到国家规定的要求，投入生产或者使用的，由批准该建设项目的环境影响报告书的环境保护行政主管部门责令停止生产或者使用，并处罚款。此外，环境影响评价制度的主要法律依据包括：1982 年颁布的《海洋环境保护法》（第六条、第九条、第十条）、1984 年颁布的《水污染防治法》（第十三条）、1987 年颁布的《大气污染防治法》（第九条）、1988 年颁布的《野生动物保护法》（第十一条、第十二条）、1998 年颁布的《建设项目环境保护管理条例》。

我国环境影响评价制度的建立和实施，对于推进产业合理布局和企业的优化选址，预防开发建设活动可能产生的环境污染和破坏，发挥了不可替代的积极作用。但是，随着经济活动范围和规模的不断扩大，区域开发、产业发展和自然资源开发利用所造成的环境影响越来越突出，特别是因有关政策和规划所造成的各种环境问题已经成为影响我国可持续发展的重大问题。以项目环境评价的制度不适应形势的发展，因此，2002 年 10 月 28 日第九届全国人民代表大会常务委员会第三十次会议通过了我国第一部《环境影响评价法》，自 2003 年 9 月 1 日起施行。这是我国首次以专门立法的形式，统一规定了环境影响评价制度。对环境影响评价制度的内容和程序予以专门立法，标志着这项环境法基本法律制度正在日臻成熟。

《环境影响评价法》共 5 章 38 条，立法目的是为了实施可持续发展战略，预防因规划和建设项目实施后对环境造成的不良影响，促进经济、社会和环境的协调发展。该法对环境影响评价的概念、原则、范围、程序及法律责任等都做出了明确规定。《环境影响评价法》的规定，环境影响评价的对象包括法定应当进行环境影响评价的规划和建设项目两大类，其中法定应当进行环境影响评价的规划主要是指：

（1）国务院有关部门、设区的市级以上地方人民政府及其有关部门，组织编制的土地利用的有关规划，区域、流域、海域的建设、开发利用规划（第七条）。

（2）国务院有关部门、设区的市级以上地方人民政府及其有关部门，组织编制的工业、农业、畜牧业、林业、能源、水利、交通、城市建设、旅游、自然资源开发的有关专项规划（第八条）。但对生态治理影响巨大的政策和计划并没有纳入到环境影响评价的范围。《中国21世纪议程》也提出要"改革体制建立有利于可持续发展的综合决策机制"。实现生态与发展综合决策就是实现人口、资源、环境与经济协调、持续发展这一基本原则在决策层次上的具体化和制度化。通过对各级政府和有关部门及其领导的决策内容、程序和方式提出具有法律约束力的明确要求，可以确保在决策的"源头"（即拟订阶段）将生态文明建设的各项要求纳入到有关的发展政策、规划和计划中去，实现发展与生态，仅将环境影响评价限定于规划和建设项目，不仅没有涉及对我国经济社会发展发挥主要决策作用的政策环境评价作出规定，而且将规划的环境评价也限制于"土地利用的有关规划，区域、流域、海域的建设、开发利用规划"，对我国综合规划中地位最高、作用最大的"国民经济和社会发展计划"也没有纳入其中。在《环境影响评价法》的配套制度方面也不断更新：2006年发布了《环境影响评价公众参与暂行办法》、2008年发布了新的《声环境质量标准》《工业企业厂界环境噪声排放标准》《社会生活环境噪声排放标准》、2009年公布了《规划环境影响评价条例》、2012年发布的新《环境空气质量标准》将公众关心的PM2.5等污染因子纳入其中。但是，作为一项新生的法律制度，《环境影响评价法》及其相关制度既存在着先天的立法缺陷，也存在环境治理情势不断变迁的现实挑战。2016年7月2日十二届全国人民代表大会常务委员会、2018年12月29日第十三届全国人民代表大会常务委员分别对《环境影响评价法》进行了两次修订。两次修订在很多方面做出了对原有制度的丰富和完善，其中一大亮点就是强化了规划环评。

2016年修改后的《环评法》规定，专项规划的编制机关需对环境影响报告书结论和审查意见的采纳情况作出说明，不采纳的，应当说明理由。这一修改将增强规划环评的有效性，规划编制机关必须对环评结论和审查意见进行响应。修改后的《环评法》规定，规划环评意见需作为项目环评的重要依据，且后续的项目环评内容的审查意见应予以简化，这也进一步体现出规划和项目之间的有效互动。这两次修改对原有法律有了很多完善之处和创新之举，但是均未对学界和实务界积极呼吁的以政策环评为核心的战略环评体系做出积极的突破。我国的战略环评实践已经覆盖了规划环评、区域战略环评和政策环评。其中，规划环评为法定要求，开展最为广泛；区域战略环评主要依赖政府推动，各地开展情况很不平衡；政策环评仅处于理论探索阶段，无论是实证研究还是理论方法研究都比较少，还没有真正参与政府决策[①]，与新时代对环保工作的要求和国际上的战略环评前沿还存在不小的差距。中国战略环境评价的对象主要是规划，而政策以及中国特有的国民经济和社会发展规划都不在国家法定的评价范围之内。相比较而言，国外战略环评的范围比较广泛。比如，在美国，战略环境评价的对象不仅包括政策、规划、计划，还包括对人类环境质量具有重大影响的法律法规。根据国外战略环境评价的经验，战略层次越高，涉及的部门越多，战略环境评价的实施受到的阻力就越大。建议《环境影响评价法》应将政策、国民经济和社会发展规划纳入评价范围，尤其我国综合规划中地位最高、作用最大的是"国民经济和社会发展规划"，于提高决策的科学性，对实现经济社会发展与生态文明建设的"双赢"。

（三）综合执法

行政执法是现代国家生态治理的主要方式和主要手段。生态系统是由不同的生态要素组成的，不同的生态要素之间互相联系。但是我国的传统的生态环境行政管理体制脱胎于计划经济体制，延续了条块分割的管理方式，把生态管理的职能根据生态要素分割为不同的部门管理，没有整体性的综合管理机构和整体性的制度规范，在日常管理之中主要依据部门立法。单项性的部门立法往往是出于单一的生态要素管理的目的，而且其中必然会受制于官僚机制的部门利益的左右，不可能形成生态的整体性治理。这形成了我国生态文明建设中依赖单项性的技术性制度治理而忽视综合性治理的"路径依赖"。

党的十八届三中全会《中共中央关于全面深化改革若干重大问题的决定》明确要求，整合执法主体，相对集中执法权，推进综合执法，着力解决权责交叉、多头执法问题，加强食品药品、安全生产、环境保护、劳动保障、海域海岛等重点领域基层执法力量[②]。党的十八届四中全会《中共中央关于全面推进依法治国若干重大问题的决定》明确要求，推进综合执法，大幅减少市县两级政府执法队伍种类，重点在食品药品安全、工商质检、公共卫生、安全生产、文化旅游、资源

---

①中共中央关于全面推进依法治国若干重大问题的决定 [N]. 人民日报，2014-10-29（001）.

②耿海清. 对新时代我国战略环评工作的思考 [J]. 环境保护，2019，47（02）：35-38.

环境、农林水利、交通运输、城乡建设、海洋渔业等领域内推行综合执法，有条件的领域可以推行跨部门综合执法①。党的十八届三中、四中全会将深化行政体制改革作为全面深化改革、全面推进依法治国的重要举措，提出新要求，作出新部署，生态环境成了其中的重要议题，生态环境综合执法改革呼之欲出。党的十九届三中全会着眼于党和国家事业发展全局，对深化党和国家机构改革作出具体部署，强调深化行政执法体制改革。要求统筹配置行政处罚职能和执法资源，相对集中行政处罚权，整合精简执法队伍，解决多头多层重复执法问题。要求组建生态环境保护综合行政执法队伍，整合环境保护和国土、农业、水利、海洋等部门相关污染防治和生态保护执法职责、队伍，统一实行生态环境保护执法。党的十九届三中全会审议通过了《中共中央关于深化党和国家机构改革的决定》（以下简称决定）。该《决定》明确指出，"深化党和国家机构改革是推进国家治理体系和治理能力现代化的一场深刻变革"。针对我国机构编制科学化不足，一些领域权力运行制约和监督机制不够等问题，《决定》坚持优化协同高效原则，强调优化机构设置和职能配置。这次国务院机构改革，新组建自然资源部、生态环境部、国家林业和草原局，体现了一类事项原则上由一个部门统筹、一件事情原则上由一个部门负责的原则要求，可以避免政出多门、责任不明、推诿扯皮；可以减少多头管理，减少职能分散交叉，提高管理效能。根据党的十九届三中全会审议通过的《中共中央关于深化党和国家机构改革的决定》《深化党和国家机构改革方案》和第十三届全国人民代表大会第一次会议批准的《国务院机构改革方案》组建自然资源部。自然资源部的组建是为统一行使全民所有自然资源资产所有者职责，统一行使所有国土空间用途管制和生态保护修复职责，着力解决自然资源所有者不到位、空间规划重叠等问题，将国土资源部的职责，国家发展和改革委员会的组织编制主体功能区规划职责，住房和城乡建设部的城乡规划管理职责，水利部的水资源调查和确权登记管理职责，农业部的草原资源调查和确权登记管理职责，国家林业局的森林、湿地等资源调查和确权登记管理职责，国家海洋局的职责，国家测绘地理信息局的职责整合，作为正部级的国务院组成部门，同时对外保留国家海洋局牌子。根据党的十九届三中全会审议通过的《中共中央关于深化党和国家机构改革的决定》《深化党和国家机构改革方案》和第十三届全国人民代表大会第一次会议批准的《国务院机构改革方案》组建生态环境部。生态环境部的组

①中共中央关于全面推进依法治国若干重大问题的决定 [N]. 人民日报，2014-10-29（001）.

建为了整合分散的生态环境保护职责，统一行使生态和城乡各类污染排放监管与行政执法职责，加强环境污染治理，保障国家生态安全，建设美丽中国。生态环境部整合了原环境保护部的职责，国家发展和改革委员会的应对气候变化和减排职责，国土资源部的监督防止地下水污染职责，水利部的编制水功能区划、排污口设置管理、流域水环境保护职责，农业部的监督指导农业面源污染治理职责，国家海洋局的海洋环境保护职责，国务院南水北调工程建设委员会办公室的南水北调工程项目区环境保护职责整合，作为正部级的国务院组成部门。生态环境部对外保留国家核安全局牌子。根据党的十九届三中全会审议通过的《中共中央关于深化党和国家机构改革的决定》《深化党和国家机构改革方案》和第十三届全国人民代表大会第一次会议批准的《国务院机构改革方案》组建国家林业和草原局。国家林业和草原局组建是将国家林业局的职责，农业部的草原监督管理职责，以及国土资源部、住房和城乡建设部、水利部、农业部、国家海洋局等部门的自然保护区、风景名胜区、自然遗产、地质公园等管理职责整合。组建后的国家林业和草原局，将由自然资源部管理；国家林业和草原局加挂国家公园管理局牌子；森林防火职责划分给应急管理部；国家林业局的森林、湿地等资源调查和确权登记管理职责上交自然资源部。

三、绿色治理的管人制度

（一）领导干部

领导干部是生态文明建设主体中的"关键少数"。实践证明，生态环境保护能否落到实处，关键在领导干部。一些重大生态环境事件背后，都有领导干部不负责任、不作为的问题，都有一些地方环保意识不强、履职不到位、执行不严格的问题，都有环保有关部门执法监督作用发挥不到位、强制力不够的问题。新时代生态文明建设要与全面从严治党伟大工程有机融合，通过制度建设抓好领导干部这个关键少数，打造一支生态环境保护铁军。通过建立领导干部任期生态文明建设责任制，实行自然资源资产离任审计，认真贯彻依法依规、客观公正、科学认定、权责一致、终身追究的原则。各级党委和政府要切实重视、加强领导，纪检监察机关、组织部门和政府有关监管部门要各尽其责、形成合力。一旦发现需

---

① 推动形成绿色发展方式和生活方式 为人民群众创造良好生产生活环境 [N]. 人民日报，2017-05-28(001).

要追责的情形，必须追责到底，决不能让制度规定成为没有牙齿的老虎。① 这也是在生态法治领域坚持党的领导，党保证执法、支持司法的具体体现。党的领导是中国特色社会主义最本质的特征，是社会主义法治最根本的保证。保证执法是确保体现党的意志和人民利益的法律正确实施的关键。党委及其政法委要带头在宪法法律范围内活动，为独立公正司法创造良好的制度环境和社会环境，支持司法机关依法独立公正行使司法权。①

在新时代绿色治理中对领导干部的制度规范上重点在于改革创新党政员干部的考核、评价、奖惩制度和办法是组织领导生态化的重要内容。传统的党员干部考核条例围绕经济建设的中心确立，因而就对生态环境方面的指标体系关注不够，更不可能将其作为统领地位的考核指标。考核体系是党员干部行为的指南针，使得生态环境指标在组织决策的约束作用有限。改革党员干部考核条例，将生态文明具体指标纳入到考核条例，而且要置于同等重要的地位，实现考核模式的根本转变，即生态化的转向。

2015 年党中央颁布了《党政领导干部生态环境损害责任追究办法（试行）》，其中第三条规定："地方各级党委和政府对本地区生态环境和资源保护负总责，党委和政府主要领导成员承担主要责任，其他有关领导成员在职责范围内承担相应责任。"②该规定首次明确了在生态文明建设中，党政同责的原则，改变了以往以"问责政府"为主的生态治理政治责任模式，开启了党政综合治理的"双领导制"模式。党政同责的模式是新时代党治国理政的重要经验之一，缘起于 2013 年习近平总书记指出要强化各级党委和政府的安全监管职责，要求党政同责、一岗双责、齐抓共管，由此开启了公共治理领域的党政同责制度化建设。经过实践，党政同责制度取得了积极的效果，随后便被引入了脱贫攻坚以及环境保护领域。党政同责包括两层含义：一是职责层面的，即党委和政府共同负责；二是责任层面的，即党委和政府要共同承担责任。③为落实生态文明建设的党政同责，近年来各省市纷纷成立了党委书记和政府负责人共同担任组长的生态环境保

①张文显. 习近平法治思想研究（中）——习近平法治思想的一般理论 [J]. 法制与社会发展，2016，22(03).

②《党政领导干部生态环境损害责任追究办法（试行）》[EB/OL].http://www.gov.cn/zhengce/2015−08/17/content_2914585.htm，2020−01−19.

③梁忠. 从问责政府到党政同责——中国环境问责的演变与反思 [J]. 中国矿业大学学报（社会科学版），2018(1).

护委员会。"双组长制"的生态环境委员会旨在以贯彻落实党中央、国务院关于生态文明建设和生态环境保护工作的重大决策部署,统筹协调各地区生态环境保护工作重大问题,强化综合决策,形成工作合力,推进各地区生态文明建设和生态环境保护工作进一步开展。各地生态环境保护委员会由党委委书记、地方政府负责人任主任,常务副省(市)长、分管副省(市)长任副主任,负有生态环境保护职责的部门及有关单位、组织、机构主要负责同志为成员。委员会办公室设在生态环境厅(局)。生态环境保护委员会的成立,对于进一步落实生态环境保护"党政同责""一岗双责",统筹协调生态环境保护重大问题,深化生态环境保护体制机制改革,完善生态环境保护工作体系,构建"大生态、大环保"工作格局,将起到积极的推动和保障作用。

2016 年 12 月中共中央办公厅 国务院办公厅印发《生态文明建设目标评价考核办法》,这是我国首次建立生态文明建设目标评价考核制度。考核办法指出,生态文明建设目标评价考核在资源环境生态领域有关专项考核的基础上综合开展,采取评价和考核相结合的方式。年度评价以绿色发展指标体系为参照,主要评估各地区资源利用、环境治理、环境质量、生态保护、增长质量、绿色生活、公众满意程度等方面的变化趋势和动态进展,生成各地区绿色发展指数。年度评价结果纳入目标考核。目标考核内容主要包括国民经济和社会发展规划纲要中确定的资源环境约束性指标,以及党中央、国务院部署的生态文明建设重大目标任务完成情况。目标考核采用百分制评分和约束性指标完成情况等相结合的方法,结果划分为优秀、良好、合格、不合格四个等级。考核优秀地区将受到通报表扬,考核不合格地区将被通报批评。对于生态环境损害明显、责任事件多发的地区,党政主要负责人和相关负责人将被追究责任。

2019 年 4 月,中共中央办公厅近日印发《党政领导干部考核工作条例》,生态文明建设进入领导班子考核内容。与 1998 年中组部印发的《党政领导干部考核工作暂行规定》相比,《党政领导干部考核工作条例》在考核内容方面,生态文明建设、生态环境保护所占分量大大增加。《党政领导干部考核工作暂行规定》中,只在对地方县以上党委、政府领导班子的工作实绩的考核中,将环境与生态保护及科教、卫生等一并纳入考核内容。在对领导班子工作实绩的考核中,《党政领导干部考核工作条例》指出,考核地方党委和政府领导班子的工作实绩,应当看全面工作,看推动本地区经济建设、政治建设、文化建设、社会建设、生态文明建设,解决发展不平衡不充分问题,满足人民日益增长的美好生活需要的情况和实际成效。

（二）环保铁军

2018 年 5 月 19 日，习近平总书记在出席全国生态环境保护大会时指出，"要建设一支生态环境保护铁军，政治强、本领高、作风硬、敢担当，特别能吃苦、特别能战斗、特别能奉献。打好污染防治攻坚战，是得罪人的事。各级党委和政府要关心、支持生态环境保护队伍建设，主动为敢干事、能干事的干部撑腰打气"。①

2018 年 5 月，湖南省环保厅率先出台《关于进一步加强党的建设 打造湖南生态环境保护铁军的意见》，作为全省生态环境保护系统队伍建设的纲领性文件。这是全国各省市区中第一个关于环保铁军建设的制度性文件。该文件力求深入贯彻习近平生态文明思想，制定了五个方面三十条具体措施，从坚持和加强党的全面领导、提升队伍综合能力素质、牢固树立以人民为中心思想、牢记初心使命激发创新活力、建立健全激励机制压实责任这五个方面出发，打造一支政治强、本领高、作风硬、敢担当的湖南生态环境保护铁军。

2019 年 1 月 18 日，生态环境部时任部长李干杰全国生态环境保护工作会议上指出从五个方面加强环保铁军的建设。一是要强化政治建设和思想建设，深入学习习近平生态文明思想，推进"两学一做"学习教育常态化制度化。二是加强基层组织建设，完善全面从严治党责任书制度。三是推进领导班子和干部队伍建设，落实《中共中央办公厅关于进一步激励广大干部新时代新担当新作为的意见》，完善组织纪检部门动议干部信息沟通机制。四是深入推进作风建设，印发贯彻落实中央八项规定实施细则的实施办法，及时通报典型案例。按月调度"回头看"整改情况，每逢节假日等重要节点进行教育提醒。五是加强纪律建设，制定生态环境部巡视工作五年规划，出台《生态环境部党组巡视工作办法》②。

2019 年 6 月，中共中央办公厅、国务院办公厅为了规范生态环境保护督察工作，压实生态环境保护责任，推进生态文明建设，建设美丽中国，根据《中共中央、国务院关于全面加强生态环境保护坚决打好污染防治攻坚战的意见》《中华人民共和国环境保护法》等要求，制定了《中央生态环境保护督察工作规定》。《中央生态环境保护督察工作规定》是我国生态环境保护领域的第一部党内法规。

---

① 习近平. 推动生态文明建设迈上新台阶 [J]. 求是，2019（3）：4-19.

② 生态环境部部长在 2020 年全国生态环境保护工作会议上的讲话 [EB/OL]. http://www.mee.gov.cn/xxgk2018/xxgk/xxgk15/202001/t20200118_760088.html，2020-01-20.

2015 年 8 月，中央深化改革小组十四次会议审议通过了《环境保护督察方案（试行）》，提出建立环保督察工作机制，严格落实环境保护主体责任等有力措施，推进落实党政同责和一岗双责。《中央生态环境保护督察工作规定》是对《环境保护督察方案（试行）》的修订和完善，更加强调督察工作要坚持和加强党的全面领导，更加突出纪律责任、完善了督察的顶层设计，成为推进新时代生态文明建设以及生态铁军建设的重要法律制度。

2020 年 1 月，生态环境部召开了生态环境保护铁军建设推进会议，并专门出台了《关于加强生态环境保护铁军建设的意见》，对打造生态环保铁军作出了具体的安排和部署。会议指出，污染防治攻坚战取得关键进展，生态环境质量总体改善，正是得益于生态铁军的拼搏努力。环保铁军建设首先要提高政治站位，坚决扛起生态环境保护的历史责任。加强政治建设，增强"四个意识"，坚定"四个自信"，做到"两个维护"。强化思想引领，深入学习贯彻习近平生态文明思想、全国生态环境保护大会精神以及党的十九届四中全会精神，不折不扣地将中央关于生态文明建设和生态环境保护的决策部署落到实处，切实用习近平新时代中国特色社会主义思想武装头脑，指导实践，推动工作。其次，环保铁军建设要实现党建和业务融合，切实提高铁军战斗力。着眼生态环境保护事业需要，立足于打好污染防治攻坚战，积极推进党建和业务工作深度融合，在落实任务中锻炼能力，在破解难题中提高水平，在重大行动中培养意志品质。最后，环保铁军建设要狠抓作风建设，营造风清气正的干事环境。守土有责、守土负责、守土尽责。打好污染防治攻坚战是系统工程，须共同施策，同向发力，主动作为，不断提高履职能力。充分发挥排头兵、领头雁的表率作用，带头担当作为，更要从榜样和先进中汲取力量，笃定前行。

之后，各地方相继出台了《关于进一步扛起政治责任 激励担当作为打造生态环境保护铁军的实施意见》（以下简称为实施意见）的地方性制度文件，践行习近平新时代中国特色社会主义思想和生态文明思想，进一步扛起打好污染防治攻坚战，推动全省生态文明建设的政治责任，调动和激发全省生态环境系统干部队伍的积极性、主动性、创造性。各省市区的《实施意见》通过强化政治担当、加强党组织建设、加强思想教育、严守政治纪律和政治规矩等方面措施，明确了打造生态环保铁军的主要任务和基本途径。坚持以上率下，抓住领导干部这个"关键少数"，各级领导班子以身作则，上下联动，层层传导压力，合力打造铁军；坚持全面过硬，以政治为先，抓好干部的教育培训、岗位锻炼、选拔任用、容错纠错、纠风肃纪等各个环节，抓好机关、督察、监测、执法等队伍，确保生态环境干部队伍信念、政治、责任、能力、作风全面过硬；坚持问题导向，针对当前干部队伍建设中存在的问题和不足，找准症结、对症下药，用切实有效的举措解决问题，补齐短板；坚持严管厚爱，既要求干部严格按党的原则纪律规矩办事，又注重激励约束、工作支持和关心关爱，减少担当作为后顾之忧。

吉林省生态环境厅于 2020 年还专门成立了"环保铁军建设领导小组"，督导各级生态环境部门的具体工作，各级领导班子负责人是第一责任人。同时，将铁军建设作为考核评价领导班子与领导干部，特别是一把手的重要依据，要求各级生态环境部门结合本单位实际制定打造生态环保铁军的具体措施。省生态环境厅将在人才培训、执法装备配备等方面向基层予以倾斜，对先进单位和先进个人进行表彰，对工作推进缓慢、成效不明显的单位和考核不达标的单位与个人要进行通报批评。

（三）生态公民

共同参与共同建设突出的是人民在国家生态治理中的共治主体地位，共同享有则凸显的是人民在生态文明建设成果分配中的中心地位。共同参与共同建设是现代国家生态治理的重要特征之一，人民群众或者是以个体的形式或者是以组织的形式"有序地"参与生态治理能实现公共生态决策民主性和科学性的有机统一。人民中心的治理理念还体现为生态治理的成果由人民共享，坚持良好生态环境是最普惠的民生福祉，通过全面推进现代国家生态治理，提供更为优质更为公平的公共生态产品，增强民众的生态获得感。

环境保护公众参与是指公民、法人和其他组织自觉自愿参与环境立法、执法、司法、守法等事务，以及与环境相关的开发、利用、保护和改善等活动。公众参与环境保护是维护和实现公民环境权益、加强生态文明建设的重要途径。积极推动公众参与环境保护，对创新环境治理机制、提升环境管理能力、建设生态文明具有重要意义。推动公众依法有序参与环境保护，是党和国家的明确要求，也是加快转变经济社会发展方式和全面深化改革步伐的客观需求。党的十八大报告中明确指出，"保障人民知情权、参与权、表达权、监督权，是权力正确运行的重要保证"。新修订的《环境保护法》在总则中明确规定了"公众参与"原则，并对"信息公开和公众参与"进行专章规定。中共中央、国务院《关于加快推进生态文明建设的意见》中提出要"鼓励公众积极参与。完善公众参与制度，及时准确披露各类环境信息，扩大公开范围，保障公众知情权，维护公众环境权益"。

　　我国公众参与生态治理的法律法规已经初步建立。2006年，国内环保领域第一部公众参与的规范性文件《环境影响评价公众参与暂行办法》发布，为国内公众参与建设项目环评提供了法律依据和途径。2014年为深入贯彻落实党的十八大和十八届三中全会精神，进一步推进公众参与环境保护工作的健康发展，环境保护部出台了《关于推进环境保护公众参与的指导意见》（以下简称为意见）。主要内容包括：一是加强宣传动员。广泛动员公众参与环境保护事务，推动电视、广播、报纸、网络和手机等媒体积极履行环境保护公益宣传社会责任，使公众依法、理性、有序参与环保事务。二是推进环境信息公开。完善环境信息发布机制，细化公开条目，明确公开内容。通过政府和环境保护行政主管部门门户网站、政务微博、报刊、手机报等权威信息发布平台和新闻发布会、媒体通气会等便于公众知晓的方式，及时、准确、全面地公开环境管理信息和环境质量信息，积极推动企业环境信息公开。三是畅通公众表达及诉求渠道。建设政府、企业、公众三方对话机制，支持环保社会组织合法、理性、规范地开展环境矛盾和纠纷的调查和调研活动，对其在解决环境矛盾和纠纷过程中所涉及的信息沟通、对话协调、实施协议等行为，提供必要的帮助。四是完善法律法规。建立健全环境公益诉讼机制，明确公众参与的范围、内容、方式、渠道和程序，规范和指导公众有序参与环境保护。制定和采取有效措施保护举报人，避免举报人遭受打击报复。五是加大对环保社会组织的扶持力度。在通过项目资助、政府向社会组织购买服务等形式促进环保社会组织参与环境保护的同时，对环保社会组织及其成员进行专业培训，提升其公益服务意识、服务能力和服务水平。积极支持环保社会组织开展环境保护宣传教育、咨询服务、环境违法监督和法律援助等活动，鼓励他们为完善环保法律法规和政策制定积极建言献策。该《意见》还明确，公众参与的重点领域包括环境法规和政策制定、环境决策、环境监督、环境影响评价、环境宣传教育等。同时要求各级环保部门加强组织领导，对负责环境保护公众参与的人员开展业务培训，建立健全相关制度，完善考核、检查等工作措施，加强政府各部门间的合作联动，确保环境保护公众参与工作健康发展。

　　2015年7月发布了《环境保护公众参与办法》（以下简称为办法），作为新修订的《环境保护法》的重要配套细则，切实保障公民、法人和其他组织获取环境信息、参与和监督环境保护的权利，畅通参与渠道，规范引导公众依法、有序、理性参与，促进环境保护公众参与更加健康地发展。该《办法》共20条，主要内容依次为：立法目的和依据，适用范围，参与原则，参与方式，各方主体权利、义务和责任，配套措施。《办法》以新修订的《环境保护法》第五章"信息公开和公众参与"为立法依据，吸收了《环境影响评价法》《环境影响评价公众参与暂行办法》《环境保护行政许可听证暂行办法》等有关规定，参考了我部过去出台的有关文件和指导意见，借鉴了部分地方省市已经出台的有关法规、规章，较好地反映了我国环境保护公众参与的现状，制定的各项内容切合实际，具有较强的可操作性。《办法》明确规定了环境保护主管部门可以通过征求意见、问卷调查，组织召开座谈会、专家论证会、听证会等方式开展公众参与环境保护活动，并对各种参与方式作了详细规定，贯彻和体现了环保部门在组织公众参与活动时应当遵循公开、公平、公正和便民的原则。《办法》支持和鼓励公众对环境保护公共事务进行舆论监督和社会监督，规定了公众对污染环境和破坏生态行为的举报途径，以及地方政府和环保部门不依法履行职责的，公民、法人和其他组织有权向其上级机关或监察机关举报。为调动公众依法监督举报的积极性，《办法》要求接受举报的环保部门，要保护举报人的合法权益，及时调查情况并将处理结果告知举报人，并鼓励设立有奖举报专项资金。《办法》强调环保部门有义务加强宣传教育工作，动员公众积极参与环境事务，鼓励公众自觉践行绿色生活，树立尊重自然、顺应自然、保护自然的生态文明理念，形成共同保护环境的社会风尚。《办法》还提出，环保部门可以对环保社会组织依法提起环境公益诉讼的行为予以支持，可以通过项目资助、购买服务等方式，支持、引导社会组织参与环境保护活动，广泛凝聚社会力量，最大限度地形成治理环境污染和保护生态环境的合力①。在地方立法层面，2005—2011 年，沈阳、山西、昆明等先后出台环保公众参与办法，为当地公众参与环保提供了具体指南。河北省还于 2014 年发布了全国首个环境保护公众参与地方性法规《河北省公众参与环境保护条例》。

　　公众参与生态治理的前提基础是环境信息公开制度。自 2008 年《政府信息公开条例》和《环境信息公开办法（试行）》实施以来，国家环境信息公开制度建设不断取得新进展，2013 年以来更是进入快速发展阶段。从 2015 年起施行的新《环境保护法》历史性地对"信息公开和公众参与"作了专章规定，国家先后密集出台了大量政策文件，包括《建设项目环境影响评价政府信息公开指南（试行）》《国家重点监控企业自行监测及信息公开办法（试行）》《国家重点监控

---

① 环境保护部解读《环境保护公众参与办法》 [EB/OL].http://www.mee.gov.cn/gkml/sthjbgw/qt/201507/t20150721_306985.htm，2015-07-22.

企业污染源监督性监测及信息公开办法（试行）》《企业事业单位环境信息公开办法》《环境影响评价公众参与办法》等，对具体关键领域的信息公开工作做出明确规定。2018 年初发布的《排污许可管理办法》，对持有排污许可证的企业及许可证核发环保部门都提出了明确的信息公开要求。

环保社会组织是我国生态文明建设和绿色发展的重要力量，是公众参与的主要渠道。2010 年，原环境保护部发布《关于培育引导环保社会组织有序发展的指导意见》，提出培育引导环保社会组织有序发展的原则、目标和路径。2017 年 3 月，环境保护部、民政部联合印发《关于加强对环保社会组织引导发展和规范管理的指导意见》（以下简称为指导意见），旨在加大对环保社会组织的扶持力度和规范管理，做好环保社会组织工作，进一步发挥环保社会组织的号召力和影响力，使其成为环保工作的同盟军和生力军，推动形成多元共治的环境治理格局。该《指导意见》要求各级环保部门、民政部门要高度重视环保社会组织工作，明确了指导思想、基本原则和总体目标，提出到 2020 年，在全国范围内建立健全环保社会组织有序参与环保事务的管理体制，基本建立政社分开、权责明确、依法自治的社会组织制度，基本形成与绿色发展战略相适应的定位准确、功能完善、充满活力、有序发展、诚信自律的环保社会组织发展格局。《指导意见》提出四项主要任务，一是做好环保社会组织登记审查；二是完善环保社会组织扶持政策；三是加强环保社会组织规范管理；四是推进环保社会组织自身能力建设；同时明确了环保部门、民政部门的职责，并指出要通过建立工作机制、规范服务管理、加强宣传引导，做好《指导意见》的组织实施。

第五章

绿色治理的行政体系

现代国家生态治理中的政府是广义上的政府，既包括立法机关，也包括行政机关和司法机关。因此，政府生态治理能力分为立法机关和有立法权的行政机关的制度创设能力、行政机关和司法机关的制度实施能力。

执政党主要负责宏观性、战略性的生态治理制度设计，具体的、可操作性的制度设计则主要由立法机关和有立法权的行政机关完成。目前我国生态环境保护方面的法律有 30 多部，行政法规有 90 多部，部门规章、地方性法规和地方政府规章上千件，基本涵盖了生态文明建设的主要领域。党的十八大以来，生态治理法律制度得到了充足地发展，生态文明作为"五位一体"总布局的组成部分写入了宪法，通过了被称作是"史上最严"的《环境保护法》，生态文明建设目标评价考核、自然资源资产离任审计、生态环境损害责任追究等制度出台实施，主体功能区制度、生态环境监测数据质量管理、排污许可、河（湖）长制、禁止洋垃圾入境等环境治理制度不断建立健全。但客观而言，目前我国的生态治理制度创设方面还存在着部门立法为主、公众参与度低、专家专业化程度低等不足，在一定程度上影响了生态治理制度的执行度，未来应制定明确的法律，一方面破除部门立法带来的各种局限性；另一方面也通过明确的法律规定保障不同生态治理主体的参与决策权，增加专家或者是提高立法部门工作人员的专业知识水平。

习近平总书记指出，法律的生命力在于实施，如果有了法律而不实施，或者实施不力，搞得有法不依、执法不严、违法不究，那制定再多法律也无济于事。①生态治理制度的实施包括生态执法和生态司法两个方面，其中，生态执法是生态治理制度实施的主要环节，生态司法是确保生态正义的最后一道防线。党的十八大以来，我国生态执法和生态司法均有了较大幅度的提升，综合生态执法体系初步建立，生态执法的力度不断加大、手段日趋丰富、效能稳步提升；适合中国国情的生态司法体制基本建立，生态司法专业化正在稳步推进。但生态执法和司法机关人员配置和责任承担不匹配、工作人员的专业化水平较低、职务晋升激励机制不足、生态执法和生态司法尤其是与刑事法律衔接不足等问题依然存在，影响着现代国家生态治理效能的充分发挥。在《生态文明体制改革总体方案》等顶层设计制度安排中已经对相关问题进行了原则性规定，未来政府生态治理能力的提升需要通过立法和行政体制改革将顶层设计具体化，最大限度地降低政策性内耗，实现政府部门权责合理划分以及部门权力、责任与能力的匹配。

一、绿色治理的体制因素

生态文明体制又称生态文明治理体系，是指推进生态文明建设所需的各种基础性、常态化的支撑条件和保障体系的总和，是国家治理体系的一部分。它由生态文明建设制度体系、组织体系和实施机制构成，分别解决生态文明建设中的动力、主体和途径等问题，即生态文明体制要为生态文明建设提供动力来源（通过法治和伦理要求等形式明确目标和任务），确保有人员和机构来担当工作（机构改革），并为这些人员和机构的执行行动授予合法可行的权威和权利（有责、有权、有钱）。②党的十八大以来，以习近平同志为核心的党中央高度重视生态文明建设，特别强调要积极推动生态文明体制改革。习近平总书记就生态文明体制改革做出了多项批示、发表了数次重要讲话。中共中央全面深化改革领导小组多次讨论数十项生态文明体制改革专项方案。以此为基础，形成了习近平生态文明体制改革的重要论述，创立了"生态文明体制改革""生态文明机制设计""生态文明制度建设"等一系列主要范畴。

（一）总体方案

2015 年 9 月 11 日召开的中共中央政治局会议，审议通过了《生态文明体制

---

① 中央文献研究室.习近平关于全面依法治国论述摘编 [M].北京：中央文献出版社，2015：57.
② 常纪文.《生态文明体制改革总体方案》解读 [N].中国环境报，2015-09-15.

改革总体方案》。这个方案是生态文明领域改革的顶层设计和部署，改革要遵循"六个坚持"，搭建好基础性制度框架，全面提高我国生态文明建设水平。会议强调，推进生态文明体制改革要坚持正确方向，坚持自然资源资产的公有性质，坚持城乡环境治理体系统一，坚持激励和约束并举，坚持主动作为和国际合作相结合，坚持鼓励试点先行和整体协调推进相结合。

应当强调的是《生态文明体制改革总体方案》不是一个文件，而是一组文件，即"1+6"。"1"是《生态文明体制改革总体方案》；"6"是包括环境保护督察方案（试行）、生态环境监测网络建设方案、开展领导干部自然资源资产离任审计的试点方案、党政领导干部生态环境损害责任追究办法（试行）、编制自然资源资产负债表试点方案、生态环境损害赔偿制度改革试点方案等6个方面的配套政策。总体方案的主要内容分10个部分，共56条，其中47条是改革的任务和举措。全部内容可以用"6+6+8"概括，一个"6"是6大理念，另一个"6"是6项原则；"8"是8个支柱或8项制度。6个理念是尊重自然、顺应自然、保护自然，发展和保护统一，绿水青山就是金山银山，自然价值和自然资本，均衡空间，山水林田湖是生命共同体。6项原则是坚持正确方向，自然资源公有，城乡环境治理体系统一，激励和约束并举，主动行为和国际合作结合，试点先行与整体推进结合。8项制度是自然资源资产产权制度，国土开发保护制度，空间规划体系，资源总量管理和节约制度，环境治理体系，环境治理和生态保护的市场体系，绩效考核和责任追究制度。

《生态文明体制改革总体方案》明确提出了新时代生态文明体制改革的六大理念。（1）树立尊重自然、顺应自然、保护自然的理念，生态文明建设不仅影响经济持续健康发展，也关系政治和社会建设，必须放在突出地位，融入经济建设、政治建设、文化建设、社会建设各方面和全过程。（2）树立发展和保护相统一的理念，坚持发展是硬道理的战略思想，发展必须是绿色发展、循环发展、低碳发展，平衡好发展和保护的关系，按照主体功能定位控制开发强度，调整空间结构，给子孙后代留下天蓝、地绿、水净的美好家园，实现发展与保护的内在统一、相互促进。（3）树立绿水青山就是金山银山的理念，清新空气、清洁水源、美丽山川、肥沃土地、生物多样性是人类生存必需的生态环境，坚持发展是第一要务，必须保护森林、草原、河流、湖泊、湿地、海洋等自然生态。（4）树立自然价值和自然资本的理念，自然生态是有价值的，保护自然就是增值自然价值和自然资本的过程，就是保护和发展生产力，就应得到合理回报和经济补偿。（5）树立空间均衡的理念，把握人口、经济、资源环境的平衡点推动发展，人口规模、产业结构、增长速度不能超出当地水土资源承载能力和环境容量。（6）树立山水林田湖是一个生命共同体的理念，按照生态系统的整体性、系统性及其内在规律，统筹考虑自然生态各要素、山上山下、地上地下、陆地海洋以及流域上下游，进行整体保护、系统修复、综合治理，增强生态系统循环能力，维护生态平衡。

生态文明体制改革的目标是到 2020 年，构建起由自然资源资产产权制度、国土空间开发保护制度、空间规划体系、资源总量管理和全面节约制度、资源有偿使用和生态补偿制度、环境治理体系、环境治理和生态保护市场体系、生态文明绩效评价考核和责任追究制度等八项制度构成的产权清晰、多元参与、激励约束并重、系统完整的生态文明制度体系，推进生态文明领域国家治理体系和治理能力现代化，努力走向社会主义生态文明新时代。

（二）现实进展

《生态文明体制改革总体方案》设定了生态立法的重点领域：自然资源资产产权制度、国土空间开发保护制度、空间规划体系、资源总量管理和全面节约制度、资源有偿使用和生态补偿制度、环境治理体系、环境治理和生态保护市场体系、生态文明绩效评价考核和责任追究制度等八项制度。[①]选取这八大领域作为生态法制建设的重点领域是习近平总书记为核心的党和中央在综合考虑国情世情党情的基础上做出的战略选择，以重点突破带动全局发展，通过四梁八柱的制度创设搭建社会主义生态法治大厦。中国生态法治建设近四十年来，生态立法蓬勃发展，先后制定并实施环境保护专门性法律 30 余部，出台行政法规 90 余部，部门规章600 多部，国家环境标准近 1500 项。初步解决了生态环境保护有法可依的问题，建立起相当规模的生态法律体系。宪法是国家的根本法，是治国安邦的总章程，是全面依法治国的总依据，在党和国家事业发展中发挥着极为重要、独特的作用。依法治国，首先是依宪治国。将生态文明建设的基本理念融入宪法之中是生态法治体系建设的关键举措。党的十九大通过的《中国共产党章程（修正案）》，再次强化"增强绿水青山就是金山银山的意识"。"生态文明"在 2018 年通过了《中华人民共和国宪法修正案》被写入《中华人民共和国宪法》（以下简称《宪法》），第七自然段中将"推动物质文明、政治文明和精神文明协调发展，把我国建设成

---

① 中共中央国务院印发《生态文明体制改革总体方案》[N]. 经济日报，2015-09-22(002).

为富强、民主、文明的社会主义国家"修改为"推动物质文明、政治文明、精神文明、社会文明、生态文明协调发展，把我国建设成为富强民主文明和谐美丽的社会主义现代化强国，实现中华民族伟大复兴"；第八十九条第六项国务院行使下列职权由"（六）领导和管理经济工作和城乡建设"修改为"（六）领导和管理经济工作和城乡建设、生态文明建设"。修改后两个条文与《宪法》第九条、第十条、第二十六条等条款构成了《宪法》中的"生态条款"。生态文明入宪的体系性功能包括以下三个方面，即生态观的宪法表达、生态制度的宪法安排以及生态权利的宪法保障。这将观念变革与制度建构相结合，将人的美好生活诉求与对生态的基本尊重相结合，以满足人、国家与生态三者的最大利益为目标。从而实现宪法在生态领域对于国家发展与公民需求之间规范的系统保障功能。生态文明正式写入国家根本法，实现了党的主张、国家意志、人民意愿的高度统一。[1]生态文明写入宪法尤其将"美丽"作为社会主义强国的定语，成为社会主义中国的政治宣言，为新时代中国特色社会主义建设明确了方向，作为治国安邦总章程将成为国家发展所必须遵循的基本纲领，在根本方略上避免重蹈"生态衰而文明衰"的覆辙。

党的十八大以来，以习近平同志为核心的党中央加快推进生态文明顶层设计和制度体系建设，相继出台《关于加快推进生态文明建设的意见》《生态文明体制改革总体方案》，制定实施40多项涉及生态文明建设的改革方案，深入实施大气、水、土壤污染防治三大行动计划，从总体目标、基本理念、主要原则、重点任务、制度保障等方面对生态文明建设进行全面系统部署安排。生态文明建设目标评价考核、自然资源资产离任审计、生态环境损害责任追究等制度出台实施，主体功能区制度逐步健全，省以下环保机构监测监察执法垂直管理、生态环境监测数据质量管理、排污许可、河（湖）长制、禁止洋垃圾入境等环境治理制度加快推进，绿色金融改革、自然资源资产负债表编制、环境保护税开征、生态保护补偿等环境经济政策制定和实施进展顺利。制定和修改环境保护法、环境保护税法以及大气、水污染防治法和核安全法等法律。《环境保护法》修订案通过，相对完备的中国环境法律体系已经形成。制修订了包括《环境保护法》《大气污染防治法》《民法总则》《民事诉讼法》《行政诉讼法》《水污染防治法》《土壤污染防治法》等在内的8部法律，并推进完成了9部环保行政法规和23件环保

---

① 郭永园. 理论创新与制度践行：习近平生态法治观论纲 [J]. 探索，2019（04）：50–63.

部门规章的制修订。①2017年通过的《民法总则》第九条规定，"民事主体从事民事活动，应当有利于节约资源、保护生态环境"，将绿色原则确定为民事活动的基本原则。2017年修订的《民事诉讼法》《行政诉讼法》增加检察机关提起环境民事、行政公益诉讼的规定，为加强国家利益和公共利益的司法保障，依法审理检察机关环境公益诉讼案件提供了法律依据。

中共中央《关于全面推进依法治国若干重大问题的决定》将党内法规纳入到社会主义法治体系之中，明确指出党内法规"既是管党治党的重要依据，也是建设社会主义法治国家的有力保障"。②经中央深改组审议通过，十八大以来党中央或国务院发布党内环保法规和政策性文件至少20件，主要包括《生态文明体制改革总体方案》《党政领导干部生态环境损害责任追究办法》《环境保护督察方案》《生态环境损害赔偿制度改革试点方案》《控制污染物排放许可制实施方案》《关于设立统一规范的国家生态文明试验区的意见》《关于省以下环保机构监测监察执法垂直管理制度改革试点工作的指导意见》《生态文明建设目标评价考核办法》《关于全面推行河长制的意见》《关于划定并严守生态保护红线的若干意见》《关于建立资源环境承载能力监测预警长效机制的若干意见》《建立国家公园体制总体方案》《关于健全生态保护补偿机制的意见》《环境保护督察方案（试行）》《开展领导干部自然资源资产离任审计试点方案》《党政领导干部生态环境损害责任追究办法（试行）》《生态环境损害赔偿制度改革试点方案》等。

一些省市也积极运用地方立法权，根据当地需求制定了更高标准、更为严格的管理制度和相应的行政处罚制度。2014年，贵州省颁布了国内首部省级生态文明的地方性法规——《贵州省生态文明建设促进条例》。2015年3月15日，十二届全国人大第三次会议通过了《关于修改〈中华人民共和国立法法〉的决定》，赋予所有设区的市享有在"城乡建设与管理、环境保护、历史文化保护"等方面地方立法权，由此开启了生态法治建设中地方立法高潮的到来。据统计，截至2017年7月，89%设区的市已完成首部地方性法规制定立项，约40%为生态环境保护立法，仅次于城乡建设与管理类立法。③

---

①环资审判（白皮书）及环境司法发展报告发布[EB/OL].http://www.court.gov.cn/zixun-xiangqing-50682.html，2017-07-13.

②郭永园.理论创新与制度践行：习近平生态法治观论纲[J].探索，2019(04)：50-63.

③吴烨，董华文，汪光，卢文洲，陈中颖，李开明.环境保护领域地方市级首次立法进展研究[J].中国环境管理，2018，10(03).

其次，十八大以来绿色治理的体制改革进展还体现在生态文明体制改革专项方案不断增长。据不完全统计，党的十八大以来，中央层面共推出了50多项专项方案涉及资源、环境、生态、空间和综合等方面。一些实施主体明确、改革指向明确、改革措施明确的专项方案已经明显发挥了重要的、里程碑式的效应。其中，国家环保督察制度、国家公园制度、河长制、生态文明考核制度等有较强的代表性。

2015年8月，中央深化改革小组十四次会议审议通过了《环境保护督察方案（试行）》，提出建立环保督察工作机制，严格落实环境保护主体责任等有力措施，推进落实党政同责和一岗双责。2019年6月，中共中央办公厅、国务院办公厅为了规范生态环境保护督察工作，压实生态环境保护责任，推进生态文明建设，建设美丽中国，根据《中共中央、国务院关于全面加强生态环境保护坚决打好污染防治攻坚战的意见》《中华人民共和国环境保护法》等要求，制定了《中央生态环境保护督察工作规定》。《中央生态环境保护督察工作规定》是我国生态环境保护领域的第一部党内法规。《中央生态环境保护督察工作规定》是对《环境保护督察方案（试行）》的修订和完善，更加强调督察工作要坚持和加强党的全面领导、更加突出纪律责任、完善了督察的顶层设计，成为推进新时代生态文明建设以及生态铁军建设的重要法律制度。

中共中央办公厅、国务院办公厅于2016年12月11日发布《关于全面推行河长制的意见》（以下简称为意见）。这是落实绿色发展理念、推进生态文明建设的内在要求，是解决我国复杂水问题、维护河湖健康生命的有效举措，是完善水治理体系、保障国家水安全的制度创新。有助于进一步加强河湖管理保护工作，落实属地责任，健全长效机制。全国31个省、自治区、直辖市已全面建立河长制，河长制的组织体系、制度体系、责任体系已初步形成。目前我国已实现每条河流都有了河长。全国31个省份共明确省、市、县、乡四级河长30多万名，其中，省级干部担任河长的有402人，59位省级党委或政府主要负责同志担任总河长。29个省份还将河长体系延伸至村，设立村级河长76万多名，打通了河长制"最后一公里"。全国31个省份的省、市、县三级均成立了河长制办公室，承担起河长制的日常工作，并按照《意见》要求出台配套制度和规矩机制。党政领导上岗，各级河长开始履职，社会公众参与，我国河湖管理已形成"开门治水"、社会多元共治的局面。

国家公园是指由国家批准设立并主导管理，边界清晰，以保护具有国家代表性的大面积自然生态系统为主要目的，实现自然资源科学保护和合理利用的特定陆地或海洋区域。早在 2013 年 11 月十八届三中全会通过的《中共中央关于全面深化改革若干重大问题的决定》（以下简称《决定》）中就明确提出，要"加快生态文明制度建设"，"建立国家公园体制"。2015 年 9 月，在《方案》中再次明确提出"改革现有多部门设置的保护地体制，进行保护区功能重组"。2017 年 9 月 26 日，《建立国家公园体制总体方案》正式出台，标志着我国国家公园体制的顶层设计初步完成，国家公园建设进入实质性阶段。《中国三江源国家公园体制试点方案》《大熊猫国家公园体制试点方案》《东北虎国家公园体制试点方案》《祁连山国家公园体制试点方案》，随后相继出台，标志着我国国家公园的顶层设计基本完成。按照总体方案设计，我国国家公园建设分为两个阶段：到 2020 年国家公园体制试点基本完成，整合设立一批国家公园，分级统一的管理体制基本建立，国家公园总体布局初步形成；到 2030 年，国家公园体制更加健全，分级统一的管理体制更加完善，保护管理效能明显提高。

《关于加快推进生态文明建设的意见》提出，加快生态文明制度体系建设，包括从源头严防、到过程严管、再到后果严惩等全过程。对领导干部实行自然资源资产离任审计，既是生态文明制度体系的重要组成部分，也是建立健全系统完整的生态文明制度体系的重要内容，对于促进领导干部树立科学的发展观和正确的政绩观，推动生态文明建设具有重要意义。2015 年 11 月，《开展领导干部自然资源资产离任审计试点方案》正式出台，随后《领导干部自然资源资产离任审计暂行规定》的实施。开展领导干部自然资源资产离任审计试点的主要目标，是探索并逐步完善领导干部自然资源资产离任审计制度，形成一套比较成熟、符合实际的审计规范，保障领导干部自然资源资产离任审计工作深入开展，推动领导干部守法、守纪、守规、尽责，切实履行自然资源资产管理和生态环境保护责任，促进自然资源资产节约集约利用和生态环境安全。

目前中央出台的生态文明体制改革的专项方案中对《生态文明体制改革总体方案》所列的 8 个制度领域均有所体现，但在领域分布上看并不均衡。其中，自然资源资产产权制度、环境治理体系、生态文明绩效评价考核和责任追究制度、国土空间开发保护制度等 4 个制度领域推出的专项方案较多，而在空间规划体系、资源总量管理和全面节约制度、资源有偿使用和生态补偿制度、环境治理和生态保护市场体系等 4 个制度领域所推出的专项方案较少。

二、绿色治理的顶层设计

国家生态治理体系是提升国家生态治理能力的基础和前提，是新时代推进生态文明建设、实现美丽中国目标的重要抓手，对其进行改革完善具有重要的理论与现实意义。《中共中央国务院关于全面加强生态环境保护坚决打好污染防治攻坚战的意见》中将国家生态治理体系明确为"生态环境监管体系、生态环境保护经济政策体系、生态环境保护法治体系、生态环境保护能力保障体系和生态环境保护社会行动体系等五个方面"。

（一）监管体系

"政府主导"的现代国家生态治理体系决定了环境保护是生态文明建设的主阵地，强化和创新生态环境监管执法是国家生态治理的首要议题。

建立生态环境综合执法机制是生态环境监管体系建设第一要务。新时代生态文明建设在统筹推进"五位一体"总体布局和协调推进"四个全面"战略布局中实现，加之生态环境系统本身所具有的系统性、整体性的特点，建立权责统一、权威高效的依法行政体制成为时代发展的必需。原有的生态环境执法机制在横向上按照不同的生态要素进行分割管理，具有生态环境监管权的部门包括环境、水利、国土、大气、农业、林业、海洋等部分，管理职能重叠，时有"九龙治水"的乱象出现，治理合力尚未形成。在纵向上，生态环境监管权又分为中央和地方，不同生态要素管理部门作为同级政府的组成部分在环境执法上会受到"地方保护主义"的影响。党的十八大以来，尤其是党的十九大后开启的机构改革，以增强执法的统一性、权威性和有效性为重点，整合环境保护和国土、农业、水利、海洋等部门相关污染防治和生态保护执法职责，依法统一行使污染防治、生态保护、核与辐射安全的行政处罚权，以及与行政处罚相关的行政检查、行政强制权等执法职能，推动建立生态环境保护综合执法队伍，职责明确、边界清晰、行为规范、保障有力、运转高效、充满活力的生态环境保护综合行政执法体制正日渐完善。

生态环境监测体系完善与优化是生态环境监管体系建设的基础性工作，是现代国家生态治理的技术信息保障，党的十八以来一系列的生态文明制度创新，如公众环境参与、产权制度、领导干部审计制度、生态环境损害责任终身追究制度等都需要以现代科学的生态环境检测体系为支撑。党的十八大以来，生态环境监管部门以建立独立权威高效的生态环境监测体系为核心，通过技术创新和体制机制改革，逐步构建天地一体化的生态环境监测网络，完善和优化了原有的生态环境检测网络布局。

　　建立健全生态环境质量管理体系事关生态环境监管体系有序运行和完整度。习近平总书记指出，在环境质量底线方面，将生态环境质量只能更好、不能变坏作为底线，并在此基础上不断改善。①生态环境治理管理体系是生态环境管理机关按照国家环境标准对各区域、各生产主体进行全程动态的评定。生态环境质量管理作为一项行政管理行为，地方政府和生产企业是其最为主要的行政相对人，而通过对地方政府的环境质量管理又能够影响到对企业的生产行为。党的十八大以来，一方面通过环保督查、专项约谈等制度强化生态环境质量管理，对生态环境质量不达标地区的市、县级政府严肃问责、限期整改；另一方面加快推行排污许可制度、健全环保信用评价、信息强制性披露、严惩重罚等制度，对生产企业的生产经营行为进行有效监管，实现生态环境质量的末端治理。

　　（二）政策体系

　　"两山论"阐述了经济发展和生态环境保护的关系，揭示了保护生态环境就是保护生产力、改善生态环境就是发展生产力的道理，指明了实现发展和保护协同共生的新路径。②物质文明是基础，生态文明建设的根本所在是经济发展方式的转变，因此生态环境经济政策体系成了现代国家生态治理体系的重中之重，是生态治理体系基础性、根本性的治理体系。

　　第一，建立健全公共财政生态治理投入政策。现代国家生态治理的目标就是要确保提供能够满足人民群众美好生活的生态公共产品，因此生态治理需要国家的公共财政进行有力的支撑，提高绿色公共财政支出的数量和比重，尤其要把解决突出生态环境问题作为公共财政支出优先领域，如公共财政应向污染防治攻坚战倾斜、增加对国家重点生态功能区、生态保护红线区域地区的投入，坚持公共财政投入同生态治理相匹配，加大财政投入力度确保提供更多优质生态产品。

　　第二，建立健全生态补偿政策。生态补偿是对无法或难以纳入市场的生态系统的服务功能进行经济补偿的制度措施，主要方式是通过对生态系统的服务功能进行核算并通过受益者付费或公共财政补贴方式进行补偿，或者是对保护生态系统而在经济上受损者给予财政补贴。③党的十八大以来，生态保护补偿制度建设框架基本建立，生态效益补偿标准进一步提高，跨区域生态补偿方案基本成熟。

---

① 习近平. 推动我国生态文明建设迈上新台阶 [J]. 求是，2019（03）：4-19.
② 在习近平生态文明思想指引下迈入新时代生态文明建设新境界 [J]. 求是，2019（03）：20-29.
③ 郭永园. 协同发展视域下的中国生态文明建设研究 [M]. 北京：中国社会科学出版社，2016：130.

第三，建立健全绿色产业政策。新时代生态文明建设要以产业生态化和生态产业化为主体的生态经济体系。这就要求在经济发展中要出台价格、财税、投资等产业政策引领和扶持绿色产业的发展，以及传统产业的绿色转型升级，树立绿色产业优先发展的理念，积极培育生态环保产业作为新的经济增长点；其次，要通过大力发展绿色信贷、绿色债券等金融产品建立现代绿色金融体系，运用金融杠杆的方式实现高污染高耗能等非绿色产业的自动退场，全力支持绿色产业发展。

（三）法治体系

"用最严格制度最严密法治保护生态环境"是生态文明思想的核心内容和一项基本原则，实现了新时代生态文明建设与全面推进依法治国的有机结合，是现代国家生态治理体系的制度保障。

法治体系建设首先是生态法制体系建设。现代国家生态治理的前提是公平、明确和可实施的法律。党的十八大以来，国家层面先后修订了《环境保护法》等8 部法律、9 部环保行政法规并发布了 20 余件党内环保法规，土壤、湿地、国家公园、长江流域开发与保护等方面法律法规正加快制定，作为一个独立法律部门的生态法制正在形成。

法治体系建设的中心环节是综合生态执法体系，事关生态法治的理念能否落地见效。如果没有系统完备全面的法律执行机制，再多再好的法律文本也只会停留在纸面，被束之高阁。党的十八大以来，生态执法力度不断加大、手段日趋丰富、效能稳步提升，尤其《生态环境保护综合行政执法改革方案》，有效整合生态环境保护领域执法职责和队伍，科学合规设置执法机构，强化生态环境保护综合执法体系和能力建设，初步形成了与生态环境保护事业相适应的行政执法职能体系。

生态文明建设需要司法守护，美丽中国建设司法必须在场。生态司法是国家生态法制得以实施的有力保障，是守卫民众生态权益的最后一道防线。党的十八大以来，法、检系统以习近平生态文明思想为指引，通过制度创新和机构整合，以环境司法审判机构和环境公益诉讼为两大抓手，坚持保护发展与治理环境并重、打击犯罪与保护生态并行、防治污染与修复生态并举，为美丽中国建设筑牢了司法屏障。

（四）保障体系

现代国家生态治理是一项复杂的系统性工程，要在统筹推进"五位一体"总体布局和协调推进"四个全面"战略布局中展开，因此建立健全包括科技、物质、人才等方面的保障体系。

第一，建立健全生态治理科技支撑体系。现代国家生态治理水平的提升离不开科技的支撑，科技创新驱动是打好污染防治攻坚战、建设生态文明的基本动力。习近平总书记指出，要加强大气重污染成因研究和治理、京津冀环境综合治理重大项目等科技攻关，对臭氧、挥发性有机物以及新的污染物治理开展专项研究和前瞻研究，对涉及经济社会发展的重大生态环境问题开展对策性研究，加快成果转化与应用，为科学决策、环境管理、精准治污、便民服务提供支撑。①2018年中共科学技术部党组印发《关于科技创新支撑生态环境保护和打好污染防治攻坚战的实施意见》，将生态治理的科技支撑体系建设制度化。②

第二，建立健全环境应急物资储备体系。环境应急物资是指处理环境应急事故所需要的设备、设施以及其他物资。我国先后出台了《中华人民共和国突发事件应对法》《国家突发环境事件应急预案》《突发环境事件应急管理办法》和《突发环境事件信息报告办法》等法律法规对环境应急物质储备做出了规定。党的十八大以来，生态环境行政管理部门初步构建起来全国性的应急物质网络信息数据库和物资调配机制，在省市两级政府建立物质储备库，并将企业相关的物质纳入到储备系统之中。

第三，建设符合时代要求的生态治理人才体系。习近平总书记指出，"要建设一支生态环境保护铁军，政治强、本领高、作风硬、敢担当，特别能吃苦、特别能战斗、特别能奉献"。③十八大以来的生态治理实践表明，无论是有关生态文明的顶层设计还是有明确规定的法规制度，能否成落地生根的关键性因素是人，尤其是领导干部这一关键少数。制度无法落地既有人员编制短缺、专业能力不强的问题，也有领导干部失职渎职的原因。新时代国家生态治理在配齐与生态环境保护任务相匹配的工作力量的同时，更要全面提高生态环境工作现代化水平，坚定理想信念和精神追求，严守政治纪律和政治规矩，以党风带行风促政风，打造一支忠诚、干净、担当的环保铁军，为推动生态文明建设和环境保护提供不竭动力。

---

①习近平. 推动我国生态文明建设迈上新台阶 [J]. 求是，2019（03）：4-19.

②科技部. 中共科学技术部党组印发《关于科技创新支撑生态环境保护和打好污染防治攻坚战的实施意见》[EB/OL].http://www.most.gov.cn/kjbgz/201810/t20181011_142060.htm，20190501.

③习近平. 推动我国生态文明建设迈上新台阶 [J]. 求是，2019（03）：4-19.

三、绿色治理的机构改革

党的十八大以来，在以习近平同志为核心的党中央坚强领导下，破除各方面体制机制弊端，重要领域和关键环节改革取得突破性进展，生态文明制度"四梁八柱"初步建立。但在生态文明行政管理体制上依然存在着机构重叠、职责交叉、权责脱节等问题，机构设置和职责划分不够科学，职责缺位和效能不高，职能转变不到位。党的十九届三中全会审议通过了《中共中央关于深化党和国家机构改革的决定》（以下简称为决定）。该《决定》明确指出，"深化党和国家机构改革是推进国家治理体系和治理能力现代化的一场深刻变革"。针对我国机构编制科学化不足，一些领域权力运行制约和监督机制不够等问题，该《决定》坚持优化协同高效原则，强调优化机构设置和职能配置。这次国务院机构改革，新组建自然资源部、生态环境部、国家林业和草原局，体现了一类事项原则上由一个部门统筹、一件事情原则上由一个部门负责的原则要求，可以避免政出多门、责任不明、推诿扯皮；可以减少多头管理，减少职责分散交叉，提高管理效能。

（一）资源领域

根据党的十九届三中全会审议通过的《中共中央关于深化党和国家机构改革的决定》《深化党和国家机构改革方案》和第十三届全国人民代表大会第一次会议批准的《国务院机构改革方案》组建自然资源部。自然资源部的组建是为统一行使全民所有自然资源资产所有者职责，统一行使所有国土空间用途管制和生态保护修复职责，着力解决自然资源所有者不到位、空间规划重叠等问题，将国土资源部的职责，国家发展和改革委员会的组织编制主体功能区规划职责，住房和城乡建设部的城乡规划管理职责，水利部的水资源调查和确权登记管理职责，农业部的草原资源调查和确权登记管理职责，国家林业局的森林、湿地等资源调查和确权登记管理职责，国家海洋局的职责，国家测绘地理信息局的职责整合，作为正部级的国务院组成部门，同时对外保留国家海洋局牌子。

自然资源部贯彻落实党中央关于自然资源工作的方针政策和决策部署，在履行职责过程中坚持和加强党对自然资源工作的集中统一领导。主要职能包括落实中央关于统一行使全民所有自然资源资产所有者职责，统一行使所有国土空间用途管制和生态保护修复职责的要求，强化顶层设计，发挥国土空间规划的管控作用，为保护和合理开发利用自然资源提供科学指引。加强自然资源的保护和合理开发利用，建立健全源头保护和全过程修复治理相结合的工作机制，实现整体保护、系统修复、综合治理。创新激励约束并举的制度措施，推进自然资源节约集约利用。精简下放有关行政审批事项、强化监管力度，充分发挥市场对资源配置的决定性作用，更好地发挥政府作用，强化自然资源管理规则、标准、制度的约束性作用，推进自然资源确权登记和评估的便民高效。主要职责包括：履行全民所有土地、矿产、森林、草原、湿地、水、海洋等自然资源资产所有者职责和所有国土空间用途管制职责；负责自然资源调查监测评价；负责自然资源统一确权登记工作；负责自然资源资产有偿使用工作；负责自然资源的合理开发利用；负责建立空间规划体系并监督实施；负责统筹国土空间生态修复；负责组织实施最严格的耕地保护制度；负责管理地质勘查行业和全国地质工作；负责落实综合防灾减灾规划相关要求，组织编制地质灾害防治规划和防护标准并指导实施；负责矿产资源管理工作；负责监督实施海洋战略规划和发展海洋经济；负责海洋开发利用和保护的监督管理工作；负责测绘地理信息管理工作；推动自然资源领域科技发展；开展自然资源国际合作；开展自然资源重大战略决策执行的督察。

自然资源部的组建是推进我国生态文明体制机制的重大改革举措，是自然资源产权制度体系完善的重要之举。党的十八届三中全会通过了《中共中央关于全面深化改革若干重大问题的决定》（以下简称为决定），习近平总书记在《决定》的说明中指出，健全国家自然资源资产管理体制是健全自然资源资产产权制度的一项重大改革，也是建立系统完备的生态文明制度体系的内在要求。我国生态环境保护中存在的一些突出问题，一定程度上与体制不健全有关，原因之一是全民所有自然资源资产的所有权人不到位，所有权人权益不落实。自然资源资产产权制度是加强生态保护、促进生态文明建设的重要基础性制度。自然资源的资产产权在《宪法》《物权法》以及各个专项的资源法律文件中有所体现，确立了自然资源国家所有和集体所有多种形式的使用权制度，确立了国家所有权由国务院代理的规定，对各类资源普遍缺了不动产登记制度和资源有偿使用制度，在土地、矿产等领域引入比较完整的资源出让和转让市场交易制度，初步形成了自然资源正常产权制度体系。但是目前的制度规范原则较强，产权归属不清和权责不明的情形在资源领域普遍存在，统一登记刚刚起步，资产核算和监管体系尚未建立，独立、完整的自然资源资产管理体系尚未形成。党的十八届三中全会提出健全国家自然资源资产管理体制的要求。总的思路是按照所有者和管理者分开和一件事由一个部门管理的原则，落实全民所有自然资源资产所有权，建立统一行使全民所有自然资源资产所有权人职责的体制。由一个部门负责领土范围内所有国土空间用途管制职责，对山水林田湖进行统一保护、统一修复是十分必要的资源产权制度的完善，要对水流、森林、山岭、草原、荒地、滩涂等自然生态空间进行统一确权登记，形成归属清晰、权责明确、监管有效的自然资源资产产权制度。

自然资源部的组建有助于实现国土空间规划的统一。我国传统的国土空间规划政出多门、各自为战：国土资源部有组织编制土地利用规划、国土资源规划、矿产资源规划、地质勘查规划等规划的职责；国家发展和改革委员会有组织编制主体功能区规划的职责；住房和城乡建设部有组织编制城乡规划的职责；水利部有组织编制水资源规划的职责；农业部有组织编制草原规划的职责；国家林业局有组织编制森林、湿地等资源规划的职责；国家海洋局有组织编制海洋规划的职责；等等。各个部门进行规划是由于部门工作职权、部门利益、部门法律依据等影响，导致规划的制定依据、实施标准、保障体系均不一致，多头管理、交叉重叠，规划的矛盾冲突成了我国生态文明建设一个长期存在的顽疾。新组建的自然资源部承担"多规合一"职责，统一履行原来分散在相关部门的"生态保护红线、永久基本农田、城镇开发边界"三条控制线划定管理职责，强化统筹协调、坚持底线思维、问题导向，优化国土空间开发保护格局顶层设计，大力推进"多规合一"，落实最严格的生态环境保护制度、耕地保护制度和节约用地制度，做到"统一的空间规划、统一的用途管制、统一的管理事权"。

自然资源部的组建有助于明晰自然资源的资产属性。我国传统的自然资源管理分散于农业、林业、牧业、副业、渔业、工业资源等管理部门，1998年国土资源部组建时将土地、矿产管理进行组合，但是更多关注的资源的管理而忽视了资源的资产属性，如原国土资源部的机构设置中有耕地保护司、地籍管理司、土地利用管理司、地质勘查司、矿产开发管理司、矿产资源储量司主要是负责资产的行政审批许可。这就导致在实践中自然资源资产的流失和贬值、不当使用等现象层出不穷。自然资源部的组建将水利部的水资源调查和确权登记管理职责，农业部的草原资源调查和确权登记管理职责，国家林业局的森林、湿地等资源调查和确权登记管理职责整合，既有利于摸清自然资源的数量和质量也能够有效解决自然资源所有者不到位、资源税国家应收未收等问题，实现自然资源资产价值的最大化。

（二）环保领域

根据党的十九届三中全会审议通过的《中共中央关于深化党和国家机构改革的决定》《深化党和国家机构改革方案》和第十三届全国人民代表大会第一次会议批准的《国务院机构改革方案》组建生态环境部。生态环境部的组建是为了整合分散的生态环境保护职责，统一行使生态和城乡各类污染排放监管与行政执法职责，加强环境污染治理，保障国家生态安全，建设美丽中国。生态环境部整合了原环境保护部的职责，国家发展和改革委员会的应对气候变化和减排职责，国土资源部的监督防止地下水污染职责，水利部的编制水功能区划、排污口设置管理、流域水环境保护职责，农业部的监督指导农业面源污染治理职责，国家海洋局的海洋环境保护职责，国务院南水北调工程建设委员会办公室的南水北调工程项目区环境保护职责整合，作为正部级的国务院组成部门。生态环境部对外保留国家核安全局牌子。

生态环境部的前身最早可以追溯到 1974 年 10 月成立的国务院环境保护领导小组，其主要职责是：负责制定环境保护的方针、政策和规定，审定全国环境保护规划，组织协调和督促检查各地区、各部门的环境保护工作。1982 年 5 月，国家建委、国家城建总局、建工总局、国家测绘局、国务院环境保护领导小组办公室合并，组建城乡建设环境保护部，部内设环境保护局。1984 年 5 月，国务院环境保护委员会成立，其任务是研究审定有关环境保护的方针、政策，提出规划要求，领导和组织协调全国的环境保护工作。委员会主任由副总理兼任，办事机构设在城乡建设环境保护部（由环境保护局代行）。1984 年 12 月，城乡建设环境保护部环境保护局改为国家环境保护局，仍归城乡建设环境保护部领导，同时也是国务院环境保护委员会的办事机构，主要任务是负责全国环境保护的规划、协调、监督和指导工作。1988 年 7 月，成立独立的国家环境保护局（副部级），将环保工作从城乡建设部分离出来，明确为国务院综合管理环境保护的职能部门，作为国务院直属机构，也是国务院环境保护委员会的办事机构。1998 年 6 月，国家环境保护局升格为国家环境保护总局（正部级），是国务院主管环境保护工作的直属机构，同时撤销国务院环境保护委员会。2008 年 7 月，国家环境保护总局升格为环境保护部，成为国务院组成部门。

从生态环境部的机构演变历程来看，生态环境保护行政管理工作在近半个世纪的历史中逐步被重视，尤其十八大之后成为国家治理的重要内容。但是我国生态环境行政管理体制一直存在诸多与生俱来的难题和困境。传统的生态环境行政管理体制脱胎于计划经济体制，延续了条块分割的管理方式，把生态管理的职能根据生态要素分割为不同的部门管理，没有整体性的综合管理机构和整体性的制度规范，在日常管理之中主要依据部门立法。单项性的部门立法往往是出于单一的生态要素管理的目的，而且其中必然会受制于官僚机制的部门利益的左右，不可能形成生态的整体性治理。这形成了我国生态文明建设中依赖单项性的技术性制度治理而忽视综合性治理的"路径依赖"。十八大之前中央行政部门中具有生态管理职能部门大致可以分为环保职能部门（环境保护部）、资源管理部门（水利部、国土资源部、国家林业局、国家海洋局等）、综合协调部门（国家发展与改革委员会、财政部、农业部等）等三种类型。从生态环境执法的现状来看，生态环境执法事项散落于国土、农业、水利、海洋、林业等部门，执法领域职责交叉、权力碎片化、权责脱节等体制性障碍突出，"九龙治水"的局面长期存在，监督管理没有形成完整的体系，在一些领域衔接不畅、存在盲区，在一些领域存在多头监管、重复执法问题。环境保护部门负责环境保护与污染防治，而生态资源则分别由水利、国土、林业、大气、海洋等部门管理。这种情形被称为"九龙治水"。此外，还有国家发展与改革委员会负责全国范围内的公共资源统筹、规划与配置。分割治理导致本应整体性的生态文明建设被专业化的官僚机构所割裂，政府的生态管理职能被分割若干部门，使得环境保护职能、生态资源开发与建设职能、生态规划职能分割运行，部门之间分工有余、合作不足。《环境保护法》第十条规定"国务院环境保护主管部门，对全国环境保护工作实施统一监督管理"，明确了环境保护主管部门的统一监督管理职权，为实施生态的统一监督管理奠定了制度基础，但是在实践中，一方面环保部门并未获得相应的"统管"、协调的权力，即环保部门与其他部门行政等级相同，无权进行指导与监管；另一方面不同的生态部门法赋予各自资源管理部门以主管地位。

组建生态环境部，通过职能整合，生态环境部要统一行使生态和城乡各类污染排放监管与行政执法职责，切实履行监管责任，全面落实大气、水、土壤污染防治行动计划，大幅减少进口固体废物种类和数量直至全面禁止洋垃圾入境。构建政府为主导、企业为主体、社会组织和公众共同参与的生态环境治理体系，实行最严格的生态环境保护制度，严守生态保护红线和环境质量底线，坚决打好污染防治攻坚战，保障国家生态安全，建设美丽中国。生态环境部的组建将充实污染防治、生态保护、核与辐射安全三大职能领域，加强统一监管，实现五个打通：一是划入原国土部门的监督防止地下水污染职责，打通了"地上和地下"；二是划入水利部门的组织编制水功能区划、排污口设置管理、流域水环境保护，以及南水北调工程项目区环境保护等职责，打通了"岸上和水里"；三是划入原海洋局的海洋环境保护职责，打通了"陆地和海洋"；四是划入原农业部门的监督指导农业面源污染治理职责，打通了"城市和农村"；五是划入发展改革委的应对气候变化和减排职责，打通了"一氧化碳和二氧化碳"。

生态环境部的基本职责定位是"监管"，统一行使生态环境监管者职责，重点强化生态环境制度制定、监测评估、监督执法和督察问责四大职能：制度制定，即统一制定生态环境领域政策、规划和标准，划定并严守生态保护红线，制定自然保护地体系分类标准、建设标准并提出审批建议等；监测评估，即统一负责生态环境监测工作，评估生态环境状况，统一发布生态环境信息；监督执法，即整合污染防治和生态保护的综合执法职责、队伍，统一负责生态环境执法，监督落实企事业单位生态环境保护责任；督察问责，即对地方党委政府和有关部门生态环境工作进行督察巡视，对生态环境保护、温室气体减排目标完成情况进行考核问责，监督落实生态环境保护"党政同责、一岗双责"。具体而言，生态环境部的主要职责包括：负责建立健全生态环境基本制度；负责重大生态环境问题的统筹协调和监督管理；负责监督管理国家减排目标的落实；负责提出生态环境领域固定资产投资规模和方向、国家财政性资金安排的意见，按国务院规定权限审批、核准国家规划内和年度计划规模内固定资产投资项目，配合有关部门做好组织实施和监督工作；负责环境污染防治的监督管理；指导协调和监督生态保护修复工作；负责核与辐射安全的监督管理；负责生态环境准入的监督管理；负责生态环境监测工作；负责应对气候变化工作；组织开展中央生态环境保护督察；统一负责生态环境监督执法；组织指导和协调生态环境宣传教育工作，制定并组织实施生态环境保护宣传教育纲要，推动社会组织和公众参与生态环境保护；开展生态环境国际合作交流。

生态环境部组建是新时代生态文明行政管理体制的一次重大创新，其所释放出的制度红利将为打好污染防治攻坚战，将打赢蓝天保卫战，打好柴油货车污染治理、城市黑臭水体治理、渤海综合治理、长江保护修复、水源地保护、农业农村污染治理七场标志性重大战役提供组织保障，为生态环境保护和美丽中国建设增添了强大动力。

（三）林草领域

根据党的十九届三中全会审议通过的《中共中央关于深化党和国家机构改革的决定》《深化党和国家机构改革方案》和第十三届全国人民代表大会第一次会议批准的《国务院机构改革方案》组建国家林业和草原局。国家林业和草原局组建是将国家林业局的职责，农业部的草原监督管理职责，以及国土资源部、住房和城乡建设部、水利部、农业部、国家海洋局等部门的自然保护区、风景名胜区、自然遗产、地质公园等管理职责整合。组建后的国家林业和草原局，将由自然资源部管理；国家林业和草原局加挂国家公园管理局牌子；森林防火职责划分给应急管理部；国家林业局的森林、湿地等资源调查和确权登记管理职责上交自然资源部。

国家林业和草原局的组建是从习近平生态文明思想中的"山水林田湖草"重要理论出发，用统一生命支撑体有机组成部分的角度来看待林业，充分考虑统一生命支撑体中各类资源的相互影响和作用，而非传统的单独和孤立地来看待林业和森林资源管理问题，统筹了林业发展与"五位一体"国家战略的内在关系，突出了林业的公益属性，转向生态系统管理模式，赋予了林业在生态文明社会建设中具有更重大的历史使命。国家林业和草原局的组建将加大生态系统保护力度，实施重要生态系统保护和修复工程，加强森林、草原、湿地监督管理的统筹协调，大力推进国土绿化，保障国家生态安全。加快建立以国家公园为主体的自然保护地体系，统一推进各类自然保护地的清理规范和归并整合，构建统一规范高效的中国特色国家公园体制。

国家林业和草原局的主要职责是监督管理森林、草原、湿地、荒漠和陆生野生动植物资源开发利用和保护，组织生态保护和修复，开展造林绿化工作，管理国家公园等各类自然保护地。主要职责包括：负责林业和草原及其生态保护修复的监督管理；组织林业和草原生态保护修复和造林绿化工作；负责森林、草原、湿地资源的监督管理；负责监督管理荒漠化防治工作；负责陆生野生动植物资源监督管理；负责监督管理各类自然保护地；负责国家公园设立、规划、建设和特许经营等工作，负责中央政府直接行使所有权的国家公园等自然保护地的自然资源资产管理和国土空间用途管制；负责推进林业和草原改革相关工作；拟订林业和草原资源优化配置及木材利用政；指导国有林场基本建设和发展；指导全国森林公安工作；负责落实综合防灾减灾规划相关要求；监督管理林业和草原中央级资金和国有资产；负责林业和草原科技、教育和外事工作。

国家林业和草原局的组建有助于实现山水林田湖草统一管理，加大生态系统保护力度，统筹森林、草原、湿地监督管理，加快建立以国家公园为主体的自然保护地体系，保障国家生态安全。我国传统的自然资源管理实行的是实体资源的分部门管理模式，这种模式是脱胎于计划经济体制的，虽然具有一定的历史合理性，但是会客观上造成对原本统一的生态资源进行人为的分割治理，治理失灵的弊端丛生。如在同一个自然资源分布地区，同一个生态系统，既分布有自然保护区，也分布有风景名胜区、自然遗产、地质公园，多种不同的管理目标叠加，出现"九龙治水"的管理格局，管理冲突屡有发生。国家林业和草原局的组建将多个部门的自然保护区、风景名胜区、自然遗产、地质公园等管理职责进行整合成立，实现统一管理。

国家林业和草原局的组建有助于全面推进国家公园体制建设。习近平总书记在十九大报告中明确提出，我国要建立以国家公园为主体的自然保护地体系。国家公园是指由国家批准设立并主导管理，边界清晰，以保护具有国家代表性的大面积自然生态系统为主要目的，实现自然资源科学保护和合理利用的特定陆地或海洋区域。建立国家公园体制是党的十八届三中全会提出的重点改革任务，是我国生态文明制度建设的重要内容，对于推进自然资源科学保护和合理利用，促进人与自然和谐共生，推进美丽中国建设，具有极其重要的意义。2017年9月，中共中央办公厅、国务院办公厅印发《建立国家公园体制总体方案》。方案指出，国家公园是将山水林田湖草作为一个生命共同体，统筹考虑保护与利用，对相关自然保护地进行功能重组，合理确定国家公园的范围。按照自然生态系统整体性、系统性及其内在规律，对国家公园实行整体保护、系统修复、综合治理。立足我国生态保护现实需求和发展阶段，科学确定国家公园空间布局。国家公园建设要将创新体制和完善机制放在优先位置，有步骤、分阶段推进国家公园建设。国家公园由国家确立并主导管理，企业、社会组织和公众共同参与。方案提出到2020年，建立国家公园体制试点基本完成，整合设立一批国家公园，分级统一的管理体制基本建立，国家公园总体布局初步形成。到2030年，国家公园体制更加健全，分级统一的管理体制更加完善，保护管理效能明显提高。

四、绿色治理的督察机制

环境保护督察是党中央、国务院推进生态文明建设和环境保护工作的重大制度创新，是强化生态环保责任、解决突出环境问题的重要举措。环保督察最早可以追溯到"八五"时期就开始的中央环境执法检查、区域环保督查、关停达标行动、环保约谈等中央环境监管模式。2015年8月以来，党中央、国务院先后出台了《生态文明体制改革总体方案》《党政领导干部生态环境损害责任追究办法（试行）》《环境保护督察方案（试行）》等生态文明体制改革"1+6"系列重要文件，要求建立国家环境保护督察制度和生态环境损害责任追究制度，采用中央巡视组巡视的工作方式、程序和纪律要求全面开展环保督察工作。2016年原环保部正是成立国家环境保护督察办公室，中央环保督察组首先在湖北省开始试点工作，随后分四批在全国开展全覆盖的督察工作。

（一）法律依据

1989 年公布并实施的《环境保护法》第七条的规定：国务院环境保护行政主管部门，对全国环境保护工作实施统一监督管理。县级以上地方人民政府环境保护行政主管部门，对本辖区的环境保护工作实施统一监督管理。国家海洋行政主管部门、港务监督、渔政渔港监督、军队环境保护部门和各级公安、交通、铁道、民航管理部门，依照有关法律的规定对环境污染防治实施监督管理。县级以上人民政府的土地、矿产、林业、农业、水利行政主管部门，依照有关法律的规定对资源的保护实施监督管理。以此为基础，在"八五"期间中央开始了以专项环境执法检查等形式的环境监管，同时各级环境行政管理部门相继成立了专门机构负责环境执法与监督检查。国家环保总局 2002 年 7 月出台了《关于统一规范环境监察机构名称的通知》，决定将全国各级环保局（厅）所属的"环境监理"类机构统一更名为"环境监察"机构，在环保总局设环境监测局，在省级环保部门设环境监察总队，在地（市）级环保部门设环境监察支队，在县（市）级环保部门设环境监察大队。为了监督各级地方政府严格执行环保的法律法规，破除地方保护主义，协调跨区域环境保护，保障国家环境安全，从 2002 年开始，原环境保护部先后设立了华北、华东、华南、西北、西南、东北六个环境保护督查中心，作为环保部派出的执法监督机构，是部直属事业单位。督查中心的主要任务就是监督地方各级政府执行环境保护法律法规标准、政策的情况。2005 年 12 月，国务院颁布了《关于落实科学发展观加强环境保护的决定》，第 20 条指出：完善环境管理体制……按照区域生态系统管理方式，逐步理顺部门职责分工，增强环境监管的协调性、整体性。建立健全国家监察、地方监管、单位负责的环境监管体制。国家加强对地方环保工作的指导、支持和监督，健全区域环境督查派出机构，协调跨省域环境保护，督促检查突出的环境问题。

中央环保督察的法律依据主要包括两种形式：国家生态环境法律和党内法规。党的十八大以来，创设环保督察最早的法律依据可以追溯到 2013 年 11 月中共中央十八届三中全会通过的《中共中央关于全面深化改革的若干重大问题的决定》，其中明确提出"要求紧紧围绕建设美丽中国深化生态文明体制改革，加快建立生态文明制度"。在中央推动进行生态文明体制改革创新的背景下，在原有的中央环境监管的制度实践基础上，2014 年 5 月原环保部颁布了《环境保护部约谈暂行办法》，要求督促地方政府及其有关部门切实履行环境保护责任，解决突出环境问题，保障群众环境权益。11 项情形列为被约谈的条件，主要包括：未落实国家环保法律、法规、政策、标准、规划，或未完成环保目标任务，行政区内发生或可能发生严重生态和环境问题的；区域或流域环境质量明显恶化，或存在严重环境污染隐患，威胁公众健康、生态环境安全或引起环境纠纷、群众反复集体上访的；行政区内存在公众反映强烈、影响社会稳定或屡查屡犯、严重环境违法行为长期未纠正的等等。在实际操作中，约谈最主要启动可以归结为三种：群众举报、年度考核存在问题以及执法中发现问题。环保部在约谈之后，一步强化了日常监管，持续传导督查压力。环保约谈风暴成了中央环保督察的前奏。2015 年 1 月全国人大常委会通过了修订的《环境保护法》，第十条规定：国务院环境保护主管部门，对全国环境保护工作实施统一监督管理；县级以上地方人民政府环境保护主管部门，对本行政区域环境保护工作实施统一监督管理。县级以上人民政府有关部门和军队环境保护部门，依照有关法律的规定对资源保护和污染防治等环境保护工作实施监督管理。至此，中央环保督察有了国家生态环境基本法的依据和授权。2015 年 4 月，中共中央、国务院出台了《关于加快推进生态文明建设的意见》第三十二条指出，加快推进生态文明建设压迫强化统筹协调，各级党委和政府对本地区生态文明建设负总责，要建立协调机制，形成有利于推进生态文明建设的工作格局。各有关部门要按照职责分工，密切协调配合，形成生态文明建设的强大合力。规定各级党委和政府对本地区生态文明建设负总责。2015 年党中央颁布了《党政领导干部生态环境损害责任追究办法（试行）》，其中第三条规定："地方各级党委和政府对本地区生态环境和资源保护负总责，党委和政府主要领导成员承担主要责任，其他有关领导成员在职责范围内承担相应责任。"①该规定首次明确了在生态文明建设中，党政同责的原则，改变了以往以"问责政府"为主的生态治理政治责任模式，开启了党政综合治理的"双领导制"模式。2016 年 12 月中共中央办公厅、国务院办公厅印发《生态文明建设目标评价考核办法》，这是我国首次建立生态文明建设目标评价考核制度。考核办法指出，生态文明建设目标评价考核在资源环境生态领域有关专项考核的基础上综合开展，采取评价和考核相结合的方式。2019 年 4 月，中共中央办公厅近

---

① 《党政领导干部生态环境损害责任追究办法（试行）》[EB/OL].http://www.gov.cn/zhengce/2015-08/17/content_2914585.htm，2020-01-19.

日印发《党政领导干部考核工作条例》，生态文明建设进入领导班子考核内容。与 1998 年中组部印发的《党政领导干部考核工作暂行规定》相比，《党政领导干部考核工作条例》在考核内容方面，生态文明建设、生态环境保护所占分量大大增加。

2015 年 8 月，中央深化改革小组十四次会议审议通过了《环境保护督察方案（试行）》，提出建立环保督察工作机制，严格落实环境保护主体责任等有力措施，推进落实党政同责和一岗双责。2019 年 6 月，中共中央办公厅、国务院办公厅为了规范生态环境保护督察工作，压实生态环境保护责任，推进生态文明建设，建设美丽中国，根据《中共中央、国务院关于全面加强生态环境保护坚决打好污染防治攻坚战的意见》《中华人民共和国环境保护法》等要求，制定了《中央生态环境保护督察工作规定》。《中央生态环境保护督察工作规定》是我国生态环境保护领域的第一部党内法规。《中央生态环境保护督察工作规定》是对《环境保护督察方案（试行）》的修订和完善，更加强调督察工作要坚持和加强党的全面领导、更加突出纪律责任、完善了督察的顶层设计，成为推进新时代生态文明建设以及生态铁军建设的重要法律制度。

2018 年 6 月 7 日，河北省十三届人大常委会第三次会议通过了新修订的《河北省水污染防治条例》，在全国首次将环保督察写入地方性法规。条例规定："省人民政府应当建立健全环保督察机制，制定水环境保护督察问题清单和整改方案，明确督办内容、流程、时限，对整改和督办不力的纳入政府核查问责范围，并依法向社会公开，接受监督。"条例还对约谈和限批制度以立法形式进行了规范和固定。

（二）组织机构

环保督查的组织机构范围三个层次：中央环保督查组织、区域环保督察组织和地方环保督查组织。

国家环保总局 2002 年 7 月出台了《关于统一规范环境监察机构名称的通知》，决定将全国各级环保局（厅）所属的"环境监理"类机构统一更名为"环境监察"机构，在环保总局设环境监测局，在省级环保部门设环境监察总队，在地（市）级环保部门设环境监察支队，在县（市）级环保部门设环境监察大队。环保部独立并成为国务院组成部门之后，单独设立了环境环境监察局作为履行监管职责的组织机构。2015 年，根据中共中央办公厅、国务院办公厅印发的《中央生态环境保护督察工作规定》，成立中央生态环境保护督察工作领导小组，负责组织协调推动中央生态环境保护督察工作。领导小组组长、副组长由党中央、国务院研究确定，组成部门包括中央办公厅、中央组织部、中央宣传部、国务院办公厅、司法部、生态环境部、审计署和最高人民检察院等。中央生态环境保护督察办公室设在生态环境部，负责中央生态环境保护督察工作领导小组的日常工作，承担中央生态环境保护督察的具体组织实施工作。领导小组是中国特色的跨部门协调议事机构，有着独特的治理优势和治理效能。根据中央生态环境保护督察工作安排，经党中央、国务院批准，组建中央生态环境保护督察组，承担具体生态环境保护督察任务。中央生态环境保护督察组设组长、副组长。督察组实行组长负责制，副组长协助组长开展工作。组长由现职或者近期退出领导岗位的省部级领导同志担任，副组长由生态环境部现职部领导担任。2018年新一轮中央机构改革过程中，组建了生态环境部，在机关司局中设置了中央生态环境保护督察办公室，主要监督生态环境保护党政同责、一岗双责落实情况，以及拟订生态环境保护督察制度、工作计划、实施方案并组织实施。承担中央生态环境保护督察及中央生态环境保护督察组的组织协调工作，是国务院生态环境保护督察工作领导小组日常工作。

2006年7月原国家环保总局出台了《总局环境保护督查中心组建方案》，总局设立华东环境保护督查中心（驻地南京）、华南环境保护督查中心（驻地广州）、西北环境保护督查中心（驻地西安）、西南环境保护督查中心（驻地成都）、东北环境保护督查中心（驻地沈阳）。华东督查中心负责上海、江苏、浙江、安徽、福建、江西、山东。华南督查中心负责湖北、湖南、广东、广西、海南。西北督查中心负责陕西、甘肃、青海、宁夏、新疆。西南督查中心负责重庆、四川、贵州、云南、西藏。东北督查中心负责辽宁、吉林、黑龙江。六大区域环境保护督查中心作为总局派出的执法监督机构，是总局直属事业单位。其主要职责包括：监督地方对国家环境政策、法规、标准执行情况；承办重大环境污染与生态破坏案件的查办工作；承办跨省区域和流域重大环境纠纷的协调处理工作；参与重、特大突发环境事件应急响应与处理的督查工作；承办或参与环境执法稽查工作；督查重点污染源和国家审批建设项目"三同时"执行情况；督查国家级自然保护区（风景名胜区、森林公园）、国家重要生态功能保护区环境执法情况；负责跨省区域和流域环境污染与生态破坏案件的来访投诉受理和协调工作。2017年12月，中央将环保部华北、华东、华南、西北、西南、东北环境保护督查中心由事业单位转为环保部派出行政机构，并分别更名为环境保护部华北、华东、华南、西北、西南、东北督察局。六大区域环保督察局的设立解决了以往督查中心事业单位进行环保行政执法的困局，解决了环保执法的身份问题。同时，新设的六大环保督察局较之前增加了一项重要职能——"承担中央环保督察有关工作"。之前的环保督查侧重于监督企业，而督察则强调督政，监督党政机关。六大区域督察局将进一步强化"督政"职能，与国家环境保护督察办公室一起，共同构建国家环保"督政"体系，进一步完善了环境保护督察体制，为中央环境保护督察工作提供有力保障。南都记者查阅督察局官方网站发现，最重要的职能调整就是新增了的职能。

地方环保督查组织主要包括两个类型：一是省市县乡各级政府所成立的"环境保护督察工作领导小组"，通常省级领导小组组长由省委常委、常务副省长担任，省人民政府副秘书长和省环保厅厅长担任副组长，与生态环境督察工作相关的党政部门领导担任成员。二是省市县生态环保局的环保督查内设机构。

（三）未来走向

环境保护督察是党中央、国务院推进生态文明建设和环境保护工作的重大制度创新，是强化生态环保责任、解决突出环境问题的重要举措。从2015年开始，中央环保督察有力推动了习近平生态文明思想的践行，有效地保障了中央各项生态文明体制机制改革政策落地生根，各地对环境保护工作的重视，督促地方党委政府切实履行环境保护主体责任，有效地解决了一批重大环境问题。但是从国家治理现代化，环保督察制度仍有急需完善之处。

其一，为环保督察提供国家法律的制度性保障，提升环保督察法律的法律位阶。目前环保督察的最为直接的法律依据是《中央生态环境保护督察工作规定》，但这仅是一部党内法规。在我国法律体系中，法律位阶存在着"国家立法高于党内法规，党内法规严于国家立法"的情形。因此，环保督察目前急需专门性的国家立法予以明确。虽然《中央生态环境保护督察工作规定》是由中共中央办公厅、国务院办公厅联合发布、属于党政合一式的立法体例，但是这也成为其缺陷所在，即党政环保督察的混同。党政同责是我国治国理政的重要经验措施之一，在扶贫攻坚和污染防治上均取得了不俗的成绩，但是却忽视了党政之间的区别和差异，尤其在进行环保督察责任认定时没有能够进行清晰科学的划分。从科学立法的角度而言，未来我国环保督察法制建设应当实行党政分立，分别有中共中央办公厅和全国人大常委会制定《中央环保督察条例》和《国家环保督察条例》，且按照从严治党的要求，针对党员干部的《中央环保督察条例》在督察内容和责任处罚上应当严于《国家环保督察条例》。

其二，提高公众在环保督察中的参与度。公众参与是我国生态文明建设的一项重要原则，也在新修订的《环境保护法》中予以确认，国家还专门出台了《环境保护公众参与办法》。但是在环保督察的规范性文件和实际中，公众参与却尚处于"缺位"的状态。《中央生态环境保护督察工作规定》作为环保督察最为直接的制度性文件，并没有涉及到公众参与的主体、程序、方式等问题。无论是在生态文明领域坚持"以人民为中心"政治原则，还是从现代国家生态治理的多元主体的现实均要求公众应当有效地参与到环保督察的过程之中，增强环保督察的民主性、科学性和公开性。

第六章

绿色治理的行动体系

2017 年 5 月 26 日，习近平总书记在主持中共中央政治局就推动形成绿色发展方式和生活方式进行第四十一次集体学习时强调，要充分认识形成绿色发展方式和生活方式的重要性、紧迫性、艰巨性，把推动形成绿色发展方式和生活方式摆在更加突出的位置，加快构建科学适度有序的国土空间布局体系、绿色循环低碳发展的产业体系、约束和激励并举的生态文明制度体系、政府企业公众共治的绿色行动体系，加快构建生态功能保障基线、环境质量安全底线、自然资源利用上线三大红线，全方位、全地域、全过程开展生态环境保护建设。[①]由此可见，绿色治理的行动体系石油政府企业公众三方主体共同构成的。

一、绿色治理的政府职责

现代国家生态治理中的政府是广义上的政府，既包括立法机关，也包括行政机关和司法机关。因此，政府生态治理能力分为立法机关和有立法权的行政机关的制度创设能力、行政机关和司法机关的制度实施能力。

[①]习近平主持中共中央政治局第四十一次集体学习 [EB/OL]. http://cpc.people.com.cn/n1/2017/0528/c64094-29305569.html，2020-01-19.

（一）制度创设

法律是治国之重器，良法是善治之前提。世界首份环境法治报告（Environmental Rule of Law−First Global Report）指出，环境法治的前提是公平、明确和可实施的法律。[①]生态文明建设不仅要做到"有法可依"，而且要做到"所依为良法"。

凡属重大改革都要于法有据。[②]"实践是法律的基础，法律要随着实践发展而发展。转变经济发展方式，扩大社会主义民主，推进行政体制改革，保障和改善民生，加强和创新社会管理，保护生态环境，都会对立法提出新的要求。"[③]习近平总书记强调，要坚持立法先行，注重新法律的制定，对"实践证明行之有效的改革，要及时上升为法律"，"不适应改革要求的法律法规，要及时修改和废止"，为经济体制和社会体制改革、为转变政府职能扫除障碍；还"要加强法律解释工作，及时明确法律规定含义和适用法律依据"。[④]

习近平总书记指出："小智治事，中智治人，大智立法。治理一个国家、一个社会，关键是要立规矩、讲规矩、守规矩"[⑤]。十九大报告要求科学立法、民主立法、依法立法，以良法促进发展、保障善治。[⑥]质量是立法的生命线，是良法之前提。现行的生态环境法律法规未能全面反映现代国家生态治理规律和新时代人民对美好生态环境向往的意愿，针对性、可操作性不强以及存在立法部门化倾向等问题。中国特色社会主义法治道路建设的经验揭示出提高立法质量的根本途径在于坚持科学立法与民主立法的相统一，既要尊重和体现生态文明建设和法治发展的一般规律，也要在生态立法中广泛地吸纳公众参与，确保人民当家作主

---

① Environmental Rule of Law−First Global Report[EB/OL]. https://www.unenvironment.org/news−and−stories/press−release/dramatic−growth−laws−protect−environment−widespread−failure−enforce−finds−report，2019−01−24.

②把抓落实作为推进改革工作的重点 真抓实干踏疾步稳务求实效 [N]. 人民日报，2014−03−01(001).

③依法治国依法执政依法行政共同推进 法治国家法治政府法治社会一体建设 [N]. 人民日报，2013−02−25(001).

④中共中央文献研究室. 习近平关于全面依法治国论述摘编 [M]. 北京：中央文献出版社，2015.

⑤中共中央文献研究室. 习近平关于协调推进"四个全面"战略布局论述摘编 [M]. 北京：中央文献出版社，2015.

⑥习近平. 决胜全面建成小康社会 夺取新时代中国特色社会主义伟大胜利 [N]. 人民日报，2017−10−28(001).

与生态法治有机统一。

法治是一项综合性系统性的工程，不是一蹴而就的，要有所侧重，重点突破。习近平总书记指出："要加强重点领域立法，及时反映党和国家事业发展要求、人民群众关切期待，对涉及全面深化改革、推动经济发展、完善社会治理、保障人民生活、维护国家安全的法律抓紧制定、及时修改。"[①]《生态文明体制改革总体方案》设定了生态立法的重点领域：自然资源资产产权制度、国土空间开发保护制度、空间规划体系、资源总量管理和全面节约制度、资源有偿使用和生态补偿制度、环境治理体系、环境治理和生态保护市场体系、生态文明绩效评价考核和责任追究制度等八项制度[②]。选取这八大领域作为生态法制建设的重点领域是习近平总书记为核心的党和中央在综合考虑国情世情党情的基础上做出的战略选择，以重点突破带动全局发展，通过四梁八柱的制度创设搭建社会主义生态法治大厦。

（二）制度执行

第一，法治政府的架构中严格生态执法。习近平总书记指出："坚持依法治国、依法执政、依法行政共同推进，坚持法治国家、法治政府、法治社会一体建设。"[③]而依法治国的关键之一是各级政府能不能依法行政、严格执法。执法是行政机关履行政府职能、管理经济社会事务的主要方式，各级政府必须坚持在党的领导下、在法治轨道上开展工作，创新执法体制，完善执法程序，推进综合执法，严格执法责任，建立权责统一、权威高效的依法行政体制。[④]生态执法是生态法治实施的重心，事关生态法治的理念能否落地见效，可以说是生态法治实施的中枢。如果没有系统完备全面的法律实施机制，再多再好的法律文本也只会停留在纸面，被束之高阁，沦落为纸老虎。联合国环境规划署 2019 年发布《环境法治——全球首份报告》（Environmental Rule of Law-First Global Report），这是第一份有关全球环境法治状况的评估报告。报告指出自 1972 年以来，尽管全球范围内的环境法数量增长了 38 倍，各国在环境法的立法层面取得了可喜的成就，环境法

①习近平.坚持节约资源和保护环境基本国策 努力走向社会主义生态文明新时代[N].人民日报，2013-05-25(001).

②中共中央国务院印发《生态文明体制改革总体方案》[N].经济日报，2015-09-22(002).

③习近平.在首都各界纪念现行宪法公布施行 30 周年大会上的讲话[N].人民日报，2012-12-05(002).

④中共中央关于全面深化改革若干重大问题的决定[N].人民日报，2013-11-16(001)

发展呈现繁荣态势，但污染、生物多样性丧失和气候变化等问题持续存留，政府机构之间协调不佳、机构能力薄弱、获取信息渠道不通、腐败和公民参与受限等因素导致的执法不力就是主要的原因。

《中共中央关于全面深化改革若干重大问题的决定》提出建立和完善严格监管所有污染物排放的环境保护管理制度，独立进行环境监管和行政执法。建立陆海统筹的生态系统保护修复和污染防治区域联动机制。[①]高效的生态执法体制以建立权责统一、权威高效的依法行政体制为目标，以增强执法的统一性、权威性和有效性为重点，整合相关部门生态环境保护执法职能，统筹执法资源和执法力量，推动建立生态环境保护综合执法队伍，坚决制止和惩处破坏生态环境行为，为打好污染防治攻坚战、建设美丽中国提供坚实保障。[②]

第二，在深化司法体重改革中公正生态司法。习近平总书记指出，"公正是司法的灵魂和生命"，促进社会公平正义是司法工作的核心价值追求，司法机关是维护社会公平正义的最后一道防线。围绕公平正义这一核心价值，司法担当着"权利救济""定分止争""制约公权"的功能。[③]建设以公正高效权威的中国特色社会主义司法体制、确实提升司法在社会主义法治或者是现代国家治理中的地位，更好地发挥司法在社会主义建设中的职能，成为新时代"五位一体"社会主义现代化建设的重要举措。生态文明建设需要司法守护，美丽中国建设司法必须在场。生态法治建设迫切需要司法的参与，生态法制体系的日趋完善也为生态司法提供了更加有力的立法支持。生态司法促进和保障环境资源法律的全面正确施行，用统一司法裁判尺度切实维护人民群众生态权益，积极回应人民群众对环境保护和资源权益问题的司法期待，在全社会培育和践行社会主义生态文明观，遏制环境形势的进一步恶化，为生态文明建设提供坚强有力的司法服务和保障。

第三，在全面从严治党伟大工程中建设生态铁军。习近平总书记在全国生态环境保护大会上指出，"要建设一支生态环境保护铁军，政治强、本领高、作风硬、敢担当，特别能吃苦、特别能战斗、特别能奉献"。[④]中国共产党是中国特

---

①中共中央关于全面深化改革若干重大问题的决定 [N].人民日报，2013-11-16(001).

②关于深化生态环境保护综合行政执法改革的指导意见 [EB/OL]. http://fzb.sz.gov.cn/xxgk/qt/gzdt/201812/t20181219_14925016.htm，2018-12-19.

③张文显.习近平法治思想研究（下）——习近平全面依法治国的核心观点 [J].法制与社会发展，2016，22(04)：5-47.

④习近平.推动生态文明建设迈上新台阶 [J].求是，2019（3）.

色社会主义伟大事业的领导核心，生态文明建设是党领导的伟大事业的重要内容，党的建设新的伟大工程必须坚持同推进党领导的新时代社会主义强国建设的伟大事业紧密结合起来。生态环境是关系党的使命宗旨的重大政治问题，也是关系民生的重大社会问题，需要各地区各部门坚决担负起生态文明建设的政治责任。环境保护是生态文明建设的主阵地和根本措施，实践证明，生态环境保护能否落到实处，关键在领导干部。一些重大生态环境事件背后，都有领导干部不负责任、不作为的问题，都有一些地方环保意识不强、履职不到位、执行不严格的问题，都有环保有关部门执法监督作用发挥不到位、强制力不够的问题。生态环保部门作为党和政府组织领导生态环保工作的执政部门，党建工作就成为生态文明建设作为重要内容，全面提高党建工作现代化水平，坚定理想信念和精神追求，严守政治纪律和政治规矩，推进党建与业务工作相融合，以党风带行风促政风，打造一支忠诚、干净、担当的环保铁军，为推动生态文明建设和环境保护提供不竭动力。这也是在生态法治领域坚持党的领导，党保证执法、支持司法的具体体现。党的领导是中国特色社会主义最本质的特征，是社会主义法治最根本的保证。新时代生态文明建设要与全面从严治党伟大工程有机融合，通过制度建设抓好领导干部这个关键少数，打造一支生态环境保护铁军。通过建立领导干部任期生态文明建设责任制，实行自然资源资产离任审计，认真贯彻依法依规、客观公正、科学认定、权责一致、终身追究的原则。①

（三）培育公民

习近平总书记指出，生态文明是人民群众共同参与共同建设共同享有的事业，要把建设美丽中国转化为全体人民自觉行动。每个人都是生态环境的保护者、建设者、受益者，没有哪个人是旁观者、局外人、批评家，谁也不能只说不做、置身事外。要增强全民节约意识、环保意识、生态意识，培育生态道德和行为准则，开展全民绿色行动，动员全社会都以实际行动减少能源资源消耗和污染排放，为生态环境保护做出贡献。

生态文明建设的最终落脚点还是个人，培育具有社会主义生态文明观的时代新人也是政府绿色治理的重要职能。即以社会主义生态文化建设为载体，弘扬习近平生态文明思想，使人民群众能够有机融入到社会主义生态文明建设之中，成

①推动形成绿色发展方式和生活方式 为人民群众创造良好生产生活环境 [N]. 人民日报，2017-05-28(001).

为社会主义生态文明的忠实崇尚者、自觉遵守者、坚定捍卫者。

新时代生态文明建设是党领导下的全面参与、共建共享的伟大事业，要以社会主义生态文明观培育和践行为中心，广泛动员人民群众积极参与生态文明建设之中，营造群策群力群防群治的生态社会文化。

其一，生态法治建设要在"党委领导、政府主导、企业主体、公众参与的现代国家生态治理格局"下构建起契合国情的全面生态法治参与机制，通过建章立制，以保障知情权、参与权、监督权实现为抓手，鼓励群众用法律的武器保护生态环境，畅通生态公共参与通道。2013 年 11 月 12 日，党的十八届三中全会提出，必须坚持系统治理，鼓励和支持社会各方面参与。这一原则也适用于生态文明建设领域。2014 年 5 月 22 日，国家环境保护部办公厅发布的《关于推进环境保护公众参与的指导意见》提出，环保公众参与是指公民、法人和其他组织自觉自愿参与环境立法、执法、司法、守法等事务，以及与环境相关的开发、利用、保护和改善等活动。在环境保护中，要大力推进环境法规和政策制定、环境决策、环境监督、环境评价及环境教育等领域中的公众参与。2015 年 4 月 25 日，《中共中央、国务院关于加快推进生态文明建设的意见》专门设有"鼓励公众积极参与"一条，要求完善公众参与制度，及时准确披露各类环境信息，扩大公开范围，保障公众知情权，维护公众环境权益；引导生态文明建设领域各类社会组织健康有序发展，发挥民间组织和志愿者的积极作用。2015 年 7 月 13 日，环境保护部公布《环境保护公众参与办法》。这一办法适用于公民、法人和其他组织参与制定政策法规、实施行政许可或者行政处罚、监督违法行为、开展宣传教育等环境保护公共事务的活动。2015 年 9 月，中共中央、国务院印发的《生态文明体制改革总体方案》提出，在生态文明体制改革中，要发挥社会组织和公众的参与和监督作用。要引导人民群众树立环保意识，完善公众参与制度，保障人民群众依法有序行使环境监督权。

其二，生态文明建设靠宣传教育起家，也要靠宣传教育发展。公众对生态文明建设理念的认知程度和践行程度与生态意识的宣传教育有极大的关联，培育全民守法的生态文明社会需要从生态意识教育着手。环保部于 2013 年首次全国生态文明意识调查工作。调查运用国际先进的社会调查统计方法，从公众对生态文明的知晓度、认同度和践行度 3 个方面，设置 13 个指标、29 个问题，对全国除港澳台、西藏以外的全部省、自治区和直辖市，50 个大中城市、城镇及农村进行多层随机抽样，筛选出 14977 名受访者进行了问卷调查。同时，与腾讯公益频道合作开通"全国生态文明意识调查网上调查问卷系统"，共回收 6665 份问卷。2014 年 2 月形成了我国首份《全国生态文明意识调查研究报告》。研究报告显示，我国公众生态文明意识呈现"认同度高、知晓度低、践行度不够"的状态，公众对生态文明建设认同度、知晓度、践行度分别为 74.8%、48.2% 和 60.1%；公众对建设生态文明与"美丽中国"的战略目标高度认同，78% 的被调查者认为建设"美丽中国"是每个人的事，99.5% 的人选择了高度关注、积极参与；公众生态文明意识具有较强的"政府依赖"特征，被调查者普遍认为政府和环保部门是生态文明建设的责任主体。调查还发现，经济与文化水平对生态文明意识的影响较大。东部地区的知晓度、践行度要比中西部高，但认同度不如中西部；被调查者文化程度越高，知晓度越高，但认同度、践行度却不高；城市居民的生态文明意识明显高于农民。调查同时反映出，被调查者普遍对当前生态环境状况表示高度担忧，最关注的问题有雾霾、饮用水安全、重金属污染等。生态文明教育要充分发挥教育的基础性、先导性和全局性作用，落实立德树人根本任务，以改革创新的精神状态和工作思路，推动教育理念、教学目标、教学内容、教学方法的一系列转变，构建以学校教育为基础、覆盖全社会的生态文明教育体系，提升民众的生态文明素养，培育生态道德和行为准则，引导全社会增强法治意识、生态意识，以《公民生态环境行为规范（试行）》为蓝本推动民众自觉履行生态法定义务。[①]

2014 年新修订的《中华人民共和国环境保护法》规定了将生态文明宣教法治化的要求，"各级人民政府应当加强环境保护宣传和普及工作"，"教育行政部门、学校应当将环境保护知识纳入学校教育内容"，"新闻媒体应当开展环境保护法律法规和环境保护知识的宣传，对环境违法行为进行舆论监督"。2015 年，中共中央、国务院发布的《关于加快推进生态文明建设的意见》提出，"从娃娃和青少年抓起，引导全社会树立生态文明意识。把生态文明教育作为素质教育的重要内容，纳入国民教育体系和干部教育培训体系"。2015 年 10 月，我国将生态文明宣教纳入"十三五"国民经济和社会发展规划当中，提出了"加强资源环境国情和生态价值观教育，培养公民环境意识，推动全社会形成绿色消费自觉"的要求。2016 年 4 月 6 日，环境保护部、中宣部、中央文明办、教育部、共青团中央、全国妇联等六部门联合编制了《全国环境宣传教育工作

---

① 郭永园 . 协同发展视域下的中国生态文明建设研究 [D]. 湖南大学，2015.

纲要（2016—2020年）》。纲要指出，要进一步加强生态环境保护宣传教育工作，增强全社会生态环境意识，牢固树立绿色发展理念，坚持"绿水青山就是金山银山"重要思想，积极引导公众知行合一，自觉履行环境保护义务，力戒奢侈浪费和不合理消费，使绿色生活方式深入人心，形成与全面建成小康社会相适应，人人、事事、时时崇尚生态文明的社会氛围。

二、绿色治理的企业职责

企业是现代国家生态治理的主要主体，是主要的自然资源和污染物的排放主体，是绿色治理的关键行动者。企业在现代国家治理能力中主要承担着绿色科技创新和绿色生产两方面的任务。

（一）绿色创新

习近平总书记在十九报告中指出，新时代推进绿色发展，需"构建市场导向的绿色技术创新体系"。[①]技术创新是经济发展的动力和源泉，是实现经济高速发展的助推器。但是传统的技术创新是以实现经济增长为目标的技术革新。在资本追求利益最大化的本性的驱使下，这种单向度的技术创新在为经济增长做出贡献的同时由于无视环境保护导致了极为严重的生态危机，严重制约了经济社会的可持续发展和人的自由全面发展。

生态化技术创新是指创新在以经济增长为中心的前提下追求自然生态平衡、社会生态和谐有序和人的全面发展，包括创新目标的生态化和技术本身的生态化。按照技术创新的目的，生态化技术创新可以划分为自然生态化技术创新、经济生态化技术创新、社会生态化技术创新、人性化技术创新。自然生态化技术创新是指遵循自然规律，以维护生态平衡、保护自然环境为主要目标而设计、研发的具有生态效益的技术或产品，如大气污染防治技术创新、清洁能源技术创新、新能源技术创新等。经济生态化技术创新是以促进经济高质量增长为主要目标而设计、研发的具有较高经济效益的技术或产品，如信息技术创新、新材料技术创新等。社会生态化技术创新是指遵循社会发展规律，以创造良好的社会环境、推动社会进步和谐为主要目标而设计、研发的具有一定社会效益的技术或产品，如危险源或恐怖源探测监测、精确定位、信息获取、预警和应急处理技术创新，国家一体

---

①习近平.决胜全面建成小康社会 夺取新时代中国特色社会主义伟大胜利[R].北京:人民出版社，2017.

化公共安全应急决策指挥平台集成技术创新等。人性化技术创新是指尊重人自身的发展规律，围绕人的多方面、多层次需求，根据人的行为习惯、生理结构、心理状况、精神面貌、思维方式等研发的与人的本性相适宜、相和谐的技术或产品，如数字化医疗技术创新、食品污染防控智能化技术创新等。生态化技术创新立足于自然生态平衡协调、社会生态和谐有序以及人的全面发展的目标，以人文关怀统领技术创新活动，通过开发生态技术，研发生态产品，实现生态营销和生态消费。同时，在各个行业和领域推进生态化技术创新，推动着产业结构的转型和优化，促进了整个社会经济发展方式的生态化技术网络，为生态文明建设奠定物质技术基础。

绿色技术创新是以生态文明理念为指导，通过开发生态化技术，研发生态化产品，实现生态化营销和生态化消费，在推动发展方式转变和经济结构调整、解决污染治理难题方面承担着重要作用。党的十八大以来，绿色技术创新迎来良好的发展机遇，取得了飞速的发展。2014 年《科技部、工业和信息化部关于印发2014—2015 年节能减排科技专项行动方案》中明确提出了六大领域的生态化技术创新任务，通过国家政策引领全社会的生态化技术创新，助力国家的经济发展转型和生态文明建设。《关于加快推进生态文明建设的意见》也指出"加快技术创新和结构调整""加快推动生产方式绿色化"。但是目前企业的绿色技术创新还存在着创新风险大、正向激励机制匮乏、政府支持有限、中小企业参与度低等问题。2018 年全国生态环境保护大会后，党和国家正通过建立健全环境产权制度、积极推动重要资源性产品的价格机制、完善财税政策支撑等方式来保障、提高企业的绿色技术创新能力。

2019 年 1 月 23 日，中央全面深化改革委员会第六次会议审议通过了《关于构建市场导向的绿色技术创新体系的指导意见》。国家发展改革委、科技部联合印发了《国家发展改革委 科技部关于构建市场导向的绿色技术创新体系的指导意见》。指导意见将绿色技术界定为降低消耗、减少污染、改善生态，促进生态文明建设、实现人与自然和谐共生的新兴技术，包括节能环保、清洁生产、清洁能源、生态保护与修复、城乡绿色基础设施、生态农业等领域，涵盖产品设计、生产、消费、回收利用等环节的技术。建立以企业为主体、市场为导向、产学研深度融合的技术创新体系主要体现在以下六方面：一是面向生态文明建设的重大现实需求，解决绿色发展中的突出问题，通过政策引导，明确绿色技术创新方向，扩展绿色技术创新的需求空间，以市场机制激发绿色技术创新的内生动力。二是强化企业的主体地位，提升企业在绿色技术创新中的作用，激发各类创新主体活力，增强市场在配置资源和连接创新各环节中的功能，形成各环节相互衔接、融合的创新体系。三是强化技术标准引领，修订完善一批强制性技术标准并加强贯彻实施，促进企业进行绿色技术创新，采用绿色技术进行升级改造。四是推动绿色技术创新成果转移转化的市场化，通过建立健全市场交易体系，提高公共服务水平，完善激励和风险防范机制，提高市场在绿色技术成果转化中的作用。五是优化绿色技术创新的市场环境，通过加强知识产权保护，规范市场行为，强化金融等服务支撑，为绿色技术创新营造良好的市场环境。六是强化绿色技术创新的对外开放，加强与国际市场的交流合作。

构建市场导向的绿色技术创新体系的主要目标是企业绿色技术创新主体地位得到强化，出现一批龙头骨干企业，"产学研金介"深度融合、协同高效；绿色技术创新引导机制更加完善，绿色技术市场繁荣，人才、资金、知识等各类要素资源向绿色技术创新领域有效聚集，高效利用，要素价值得到充分体现；绿色技术创新综合示范区、绿色技术工程研究中心、创新中心等形成系统布局，高效运行，创新成果不断涌现并充分转化应用；绿色技术创新的法治、政策、融资环境充分优化，国际合作务实深入，创新基础能力显著增强。新时代构建市场导向的绿色技术创新体系要围绕培育绿色技术创新主体、强化绿色技术创新的导向机制、推进绿色技术创新成果转化示范应用、优化绿色技术创新环境、加强绿色技术创新对外开放与国际合作等方面重点突破。

（二）绿色生产

企业是市场经济的主体，其生产方式对环境的影响最直接，影响程度也最大。所以，企业必须树立并践行绿色发展理念，遵循节约资源和保护环境的基本方针，在生态保护中担当主体责任，建设资源节约型、环境友好型企业。习近平总书记指出，生态环境保护的成败，归根结底取决于经济结构和经济发展方式，而其中重点就是要加快构建绿色生产体系。[①]绿色生产就是指企业进行节能减排，在生产、流通、消费各环节大力发展循环经济，实现各类资源节约高效利用，大幅降低能源、水、土地消耗强度。党的十八大以来，《国民经济和社会发展第十三个五年规划纲要》和《中国制造 2025》等顶层设计中对发展循环经济做出了制度安排，相关部门出台了《工业绿色发展规划（2016—2020 年）》。中央和地方

[①]习近平 . 推动我国生态文明建设迈上新台阶 [J]. 求是，2019（03）：4-19.

各级政府通过完善制度体系、加大政策扶持、丰富市场机制、推动技术转化、建设示范基地等环节大力推动循环经济新发展，循环经济发展取得了辉煌成就。新阶段正在通过多种渠道多种方式推进产业循环式组合，促进生产和生活系统的循环链接，构建覆盖全社会的资源循环利用体系。

首先，绿色生产首先就是要实现能源消费革命。坚持节约优先，大力推进能源革命，提高工业能源利用效率，促进企业降本增效，加快形成绿色集约化生产方式，增强制造业核心竞争力。一方面以供给侧结构性改革为导向，推进结构节能。把优化工业结构和能源消费结构作为新时期推进工业节能的重要途径，加强节能评估审查和后评价，进一步提高能耗、环保等准入门槛，严格控制高耗能行业产能扩张。另一方面要以先进适用技术装备应用为手段，强化技术节能。全面推进传统行业节能技术改造，深入推进重点行业、重点企业能效提升专项行动，加快推广高温高压干熄焦、无球化粉磨、新型结构铝电解槽、智能控制等先进技术。能源消费革命要以能源管理体系建设为核心，将能源管理体系贯穿于企业生产全过程，定期开展能源计量审查、能源审计、能效诊断和对标，发掘节能潜力，构建能效提升长效机制。

其次，绿色生产重点在于扎实推进清洁生产，大幅减少污染排放。围绕重点污染物开展清洁生产技术改造，推广绿色基础制造工艺，降低污染物排放强度，促进大气、水、土壤污染防治行动计划落实。一是要减少有毒有害原料使用。修订国家鼓励的有毒有害原料替代目录，引导企业在生产过程中使用无毒无害或低毒低害原料，从源头削减或避免污染物的产生，推进有毒有害物质替代。二是要推进清洁生产技术改造。针对主要污染物，积极引导重点行业企业实施清洁生产技术改造，逐步建立基于技术进步的清洁生产高效推行模式。三是要加强节水减污。围绕高耗水行业，实施用水企业水效领跑者引领行动，开展水平衡测试及水效对标达标，大力推进节水技术改造，推广工业节水工艺、技术和装备。四是要推广绿色基础制造工艺。推广清洁高效制造工艺，以铸造、热处理、焊接、涂镀等领域为重点，推广高效节能热处理工艺，减少制造过程的能源消耗和污染物排放。

再次，绿色生产重点在于构建循环经济体系，加强资源综合利用。按照减量化、再利用、资源化原则，加快建立循环型工业体系，促进企业、园区、行业、区域间链接共生和协同利用，大幅度提高资源利用效率。一是推进工业固体废物综合利用。以高值化、规模化、集约化利用为重点，围绕尾矿、废石、煤矸石、粉煤灰、冶炼渣、冶金尘泥、赤泥、工业副产石膏、化工废渣等工业固体废物，推广一批先进适用技术装备，推进深度资源化利用。二是推动再生资源高效利用及产业规范发展。三是发展再制造。加强再制造技术研发与推广，研发应用再制造关键共性技术工艺，建立覆盖再制造全流程的产品信息化管理平台，促进再制造规范健康发展。四是推行循环生产方式。推进重点行业拓展产品制造、能源转换、废弃物处理—消纳及再资源化等行业功能，强化行业间横向耦合、生态链接、原料互供、资源共享。

最后，绿色生产体系的基础是绿色制造体系。企业应推行绿色设计，开发绿色产品，建设绿色工厂，发展绿色工业园区，打造绿色供应链，全面推进绿色制造体系建设。其中，建设绿色工业园区是"十四五"时期建设绿色制造业的重点。绿色工业园区建设事宜企业集聚化发展、产业生态链接、服务平台建设为重点，促进园区内企业之间废物资源的交换利用，在企业、园区之间通过链接共生、原料互供和资源共享，提高资源利用效率。

三、绿色治理的社会职责

（一）公众参与

习近平总书记指出，"生态文明是人民群众共同参与共同建设共同享有的事业，每个人都是生态环境的保护者、建设者、受益者"。[1]共同参与共同建设突出的是人民在国家生态治理中的共治主体地位，共同享有则凸显的是人民在生态文明建设成果分配中的中心地位。共同参与共同建设是现代国家生态治理的重要特征之一，人民群众或者是以个体的形式或者是以组织的形式"有序地"参与生态治理能实现公共生态决策民主性和科学性的有机统一。人民中心的治理理念还体现为生态治理的成果由人民共享，坚持良好生态环境是最普惠的民生福祉，通过全面推进现代国家生态治理，提供更为优质更为公平的公共生态产品，增强民众的生态获得感。

环境保护公众参与是指公民、法人和其他组织自觉自愿参与环境立法、执法、司法、守法等事务以及与环境相关的开发、利用、保护和改善等活动。公众参与环境保护是维护和实现公民环境权益、加强生态文明建设的重要途径。积极推动公众参与环境保护，对创新环境治理机制、提升环境管理能力、建设生态文明具

---

①习近平 . 推动我国生态文明建设迈上新台阶 [J]. 求是，2019(03)：4–19.

有重要意义。推动公众依法有序参与环境保护，是党和国家的明确要求，也是加快转变经济社会发展方式和全面深化改革步伐的客观需求。党的十八大报告中明确指出，"保障人民知情权、参与权、表达权、监督权，是权力正确运行的重要保证"。新修订的《环境保护法》在总则中明确规定了"公众参与"原则，并对"信息公开和公众参与"进行专章规定。中共中央、国务院《关于加快推进生态文明建设的意见》中提出要"鼓励公众积极参与。完善公众参与制度，及时准确披露各类环境信息，扩大公开范围，保障公众知情权，维护公众环境权益"。

　　我国公众参与生态治理的法律法规已经初步建立。2006年，国内环保领域第一部公众参与的规范性文件《环境影响评价公众参与暂行办法》发布，为国内公众参与建设项目环评提供了法律依据和途径。2014年为深入贯彻落实党的十八大和十八届三中全会精神，进一步推进公众参与环境保护工作的健康发展，环境保护部出台了《关于推进环境保护公众参与的指导意见》（以下简称为《意见》）。主要内容包括：一是加强宣传动员。广泛动员公众参与环境保护事务，推动电视、广播、报纸、网络和手机等媒体积极履行环境保护公益宣传社会责任，使公众依法、理性、有序参与环保事务。二是推进环境信息公开。完善环境信息发布机制，细化公开条目，明确公开内容。通过政府和环境保护行政主管部门门户网站、政务微博、报刊、手机报等权威信息发布平台和新闻发布会、媒体通气会等便于公众知晓的方式，及时、准确、全面地公开环境管理信息和环境质量信息，积极推动企业环境信息公开。三是畅通公众表达及诉求渠道。建设政府、企业、公众三方对话机制，支持环保社会组织合法、理性、规范地开展环境矛盾和纠纷的调查和调研活动，对其在解决环境矛盾和纠纷过程中所涉及的信息沟通、对话协调、实施协议等行为，提供必要的帮助。四是完善法律法规。建立健全环境公益诉讼机制，明确公众参与的范围、内容、方式、渠道和程序，规范和指导公众有序参与环境保护。制定和采取有效措施保护举报人，避免举报人遭受打击报复。五是加大对环保社会组织的扶持力度。在通过项目资助、政府向社会组织购买服务等形式促进环保社会组织参与环境保护的同时，对环保社会组织及其成员进行专业培训，提升其公益服务意识、服务能力和服务水平。积极支持环保社会组织开展环境保护宣传教育、咨询服务、环境违法监督和法律援助等活动，鼓励他们为完善环保法律法规和政策制定积极建言献策。该《意见》还明确，公众参与的重点领域包括环境法规和政策制定、环境决策、环境监督、环境影响评价、环境宣传教育等。同时要求各级环保部门加强组织领导，对负责环境保护公众参与的人员开展业务培训，建立健全相关制度，完善考核、检查等工作措施，加强政府各部门间的合作联动，确保环境保护公众参与工作健康发展。

2015 年 7 月发布了《环境保护公众参与办法》（以下简称为《办法》），作为新修订的《环境保护法》的重要配套细则，切实保障公民、法人和其他组织获取环境信息、参与和监督环境保护的权利，畅通参与渠道，规范引导公众依法、有序、理性参与，促进环境保护公众参与更加健康地发展。该《办法》共 20 条，主要内容依次为：立法目的和依据，适用范围，参与原则，参与方式，各方主体权利、义务和责任，配套措施。《办法》以新修订的《环境保护法》第五章"信息公开和公众参与"为立法依据，吸收了《环境影响评价法》《环境影响评价公众参与暂行办法》《环境保护行政许可听证暂行办法》等有关规定，参考了我部过去出台的有关文件和指导意见，借鉴了部分地方省市已经出台的有关法规、规章，较好地反映了我国环境保护公众参与的现状，制定的各项内容切合实际，具有较强的可操作性。《办法》明确规定了环境保护主管部门可以通过征求意见、问卷调查，组织召开座谈会、专家论证会、听证会等方式开展公众参与环境保护活动，并对各种参与方式作了详细规定，贯彻和体现了环保部门在组织公众参与活动时应当遵循公开、公平、公正和便民的原则。《办法》支持和鼓励公众对环境保护公共事务进行舆论监督和社会监督，规定了公众对污染环境和破坏生态行为的举报途径，以及地方政府和环保部门不依法履行职责的，公民、法人和其他组织有权向其上级机关或监察机关举报。为调动公众依法监督举报的积极性，《办法》要求接受举报的环保部门，要保护举报人的合法权益，及时调查情况并将处理结果告知举报人，并鼓励设立有奖举报专项资金。《办法》强调环保部门有义务加强宣传教育工作，动员公众积极参与环境事务，鼓励公众自觉践行绿色生活，树立尊重自然、顺应自然、保护自然的生态文明理念，形成共同保护环境的社会风尚。《办法》还提出，环保部门可以对环保社会组织依法提起环境公益诉讼的行为予以支持，可以通过项目资助、购买服务等方式，支持、引导社会组织参与环境保护活动，广泛凝聚社会力量，最大限度地形成治理环境污染和保护生态环境的合力。①在地方立法层面，2005—2011 年，沈阳、山西、昆明等先后出台环保公众参与办法，为当地公众参与环保提供了具体指南。河北省还于 2014 年发

---

①环境保护部解读《环境保护公众参与办法》[EB/OL]. http://www.gov.cn/zhengce/2015-07/22/content_2900767.htm，2015-07-22.

布了全国首个环境保护公众参与地方性法规《河北省公众参与环境保护条例》。

公众参与生态治理的前提基础是环境信息公开制度。自 2008 年《政府信息公开条例》和《环境信息公开办法（试行）》实施以来，国家环境信息公开制度建设不断取得新进展，自 2013 年以来更是进入快速发展阶段。从 2015 年起施行的新《环境保护法》历史性地对"信息公开和公众参与"作了专章规定，国家先后密集出台了大量政策文件，包括《建设项目环境影响评价政府信息公开指南（试行）》《国家重点监控企业自行监测及信息公开办法（试行）》《国家重点监控企业污染源监督性监测及信息公开办法（试行）》《企业事业单位环境信息公开办法》《环境影响评价公众参与办法》等，对具体关键领域的信息公开工作做出明确规定。2018 年初发布的《排污许可管理办法》，对持有排污许可证的企业及许可证核发环保部门都提出了明确的信息公开要求。

环保社会组织是我国生态文明建设和绿色发展的重要力量，是公众参与的主要渠道。2010 年，原环境保护部发布《关于培育引导环保社会组织有序发展的指导意见》，提出培育引导环保社会组织有序发展的原则、目标和路径。2017 年 3 月，环境保护部、民政部联合印发《关于加强对环保社会组织引导发展和规范管理的指导意见》（以下简称《指导意见》），旨在加大对环保社会组织的扶持力度和规范管理，做好环保社会组织工作，进一步发挥环保社会组织的号召力和影响力，使其成为环保工作的同盟军和生力军，推动形成多元共治的环境治理格局。该《指导意见》要求各级环保部门、民政部门要高度重视环保社会组织工作，明确了指导思想、基本原则和总体目标，提出到 2020 年，在全国范围内建立健全环保社会组织有序参与环保事务的管理体制，基本建立政社分开、权责明确、依法自治的社会组织制度，基本形成与绿色发展战略相适应的定位准确、功能完善、充满活力、有序发展、诚信自律的环保社会组织发展格局。《指导意见》提出以下四项主要任务，一是做好环保社会组织登记审查；二是完善环保社会组织扶持政策；三是加强环保社会组织规范管理；四是推进环保社会组织自身能力建设。同时，明确了环保部门、民政部门的职责，并指出要通过建立工作机制、规范服务管理、加强宣传引导，做好《指导意见》的组织实施。

（二）公益诉讼

现代国家生态治理是依法治理，因此公民通过国家法治体系参与生态治理是新时代的重要体现，也是区别于传统的环境管制的主要因素。当面对强大的公权力机构或者强势的污染企业时，个体的力量总是显得相对渺小，通过司法诉讼，公民即可以借助国家架构中的司法权对行政权、立法权的宪政设计实现某种势力均衡，依赖司法权实现与行政权的抗争抑或协商，让公民生态文明建设意愿有效地影响公共生态政策的形成与执行。在美国的生态治理实践中，通过民众提起环境诉讼实现环境治理是其一项重要的经验，希尔诉田纳西领域管理局（Tennessee Valley Authority v.Hill）案是典型一例。1978 年，以希尔等为首的田纳西州两环保组织和一些公民以 TVA 为被告向联邦地方法院提起民事诉讼，认为 TVA 违反了《美国濒危物种法》（the Endangered Species Act）的规定，要求法院确认其违法并终止影响蜗牛镖（田纳西河一种濒临灭绝的鲈鱼，通常被人们称为蜗牛镖，the Snail Darter，小鱼种）的关键栖息地的泰利库大坝的修建。最高法院做出的终审判决以 6：3 的优势支持了希尔等人的诉求。

现阶段，我国公民提起环境公益诉讼与国外公益诉讼有所区别：我国公民个人不能提起环境公益诉讼，需借助于环境社会组织进而提起环境公益诉讼。2015 年最高人民法院分布了《最高人民法院关于审理环境民事公益诉讼案件适用法律若干问题的解释》，规定"依照法律、法规的规定，在设区的市级以上人民政府民政部门登记的社会团体、民办非企业单位以及基金会等，可以对污染环境、破坏生态，损害社会公共利益的行为向人民法院提起诉讼"，目前全国 700 余家社会组织可提供环境公益诉讼。

我国对环境公益诉讼最早的规定可以追溯到 2005 年《国务院关于落实科学发展观加强环境保护的决定》，其首次明确提出鼓励社会组织参与环境监督，"推进环境公益诉讼"；2012 年修订的《民事诉讼法》增加了"法律规定的机关和组织"可以提起环境公益诉讼；2014 年修订的《环境保护法》特别授权符合条件的社会组织可以提起环境公益诉讼；2015 年初最高人民法院发布了《关于审理环境民事公益诉讼案件适用法律若干问题的解释》，让《环境保护法》的实施更加顺畅。2018 年 8 月 31 日通过的《土壤污染防治法》进一步明确规定："污染土壤损害国家利益、社会公共利益的有关机关和组织，可以依法向人民法院提起诉讼。"2019 年 6 月，最高人民法院发布《关于审理生态环境损害赔偿案件的若干规定（试行）》，明确了生态环境损害赔偿诉讼案件的受理条件及其与环境民事公益诉讼的衔接等规则。2019 年 3 月，最高人民法院发布 10 个生态环境保护典型案例；6 月，发布 5 个人民法院保障生态环境损害赔偿制度改革典型案例。各高级人民法院也相继发布辖区内典型案例，不断细化环境资源案件裁判规则，统一裁判尺度。浙江、湖北、广西等高级人民法院出台办理环境公益诉讼案件会议纪要或裁判指引，统一辖区内公益诉讼案件审判中出现的法律适用问题。天津、内蒙古自治区、山西、黑龙江、上海、浙江、山东、青海等高级人民法院印发生态环境损害赔偿案件相关指导意见、实施细则，切实规范生态环境损害赔偿案件磋商协议司法确认和审理程序。内蒙古自治区兴安盟中级人民法院与盟检察分院、公安局、司法局联合出台了建立生态修复机制的相关指导意见，把恢复性司法理念贯穿于整个审判过程。

从新时代生态文明建设的现实需求以及国外生态治理的经验出发，我国目前的环境公益诉讼还存在不少有待完善之处，主要体现在原告主体资格问题。就目前最高人民法院的司法解释规定，符合提起环境公益诉讼的社会组织约700余家，但在实践中提起过环境公益诉讼的目前不足30家，主要是自然之友、中国生物多样性保护与绿色发展基金会、转化环保联合会、贵阳公众环境教育中心等国内影响较大的社会组织，而其他社会组织无论是在资金实力、实施能力、专业知识等方面相对较弱，在环境公益诉讼方面属于是"有心无力"的状态。因此，目前环境公益诉讼中公民的参与度无论是广度还是深度都还存在不足，公众直接向社会组织或者是检察机关提供公益诉讼线索而提起公益诉讼的案件数量较少。目前国内仅有甘肃省检察院针对公益诉讼制定了线索举报奖励办法。因此，未来我国生态文明制度创新的过程中应当对环境公益诉讼的资格予以适当放宽，赋予公民个人提起公益诉讼的资格。其次，应当及时搭建公民参与环境诉讼的信息网络平台。从现实出发，公民的环保意愿有了极大的提升，在无主体资格的条件下应当为个人的环境公益诉讼线索提供有效的信息转化平台，与环保组织或者检察机关有效对接。

（三）绿色生活

党的十八大以来，习近平总书记关于生态文明建设做了一系列的重要论述，提出了一系列关于生态文明建设的新理念、新思想和新战略，形成了习近平生态文明思想，为我们推进生态文明建设、建设美丽中国提供了理论指导。习近平总书记在领导全国人民推进社会主义生态文明的进程中，深刻地认识到"生态环境问题归根结底是发展方式和生活方式问题，要从根本上解决生态环境问题，必须贯彻创新、协调、绿色、开放、共享的发展理念，加快形成节约资源和保护环境的空间格局、产业结构、生产方式、生活方式，把经济活动、人的行为限制在自然资源和生态环境能够承受的限度内，给自然生态留下休养生息的时间和空间"。"奢侈炫耀、浪费无度的消费行为和生活方式是造成生态问题的主要根源"。

为了彻底解决这一影响生态环境的根源问题，习近平总书记多次提出建设生态文明必须形成绿色生产方式和生活方式，并多次强调形成绿色生活方式对推进生态文明建设和绿色发展的重要意义。

《在十八届中央政治局第四十一次集体学习时的讲话》中，习近平总书记强调，"推动形成绿色发展方式和生活方式，是发展观的一场深刻变革"，"要充分认识形成绿色发展方式和生活方式的重要性、紧迫性、艰巨性，把推动形成绿色发展方式和生活方式摆在更加突出的位置"。在党的十九大报告中，习近平总书记三次提到生活方式，"形成绿色发展方式和生活方式""倡导健康文明生活方式""倡导简约适度、绿色低碳的生活方式"。2018 年 5 月 18 日在全国生态环境保护大会上的讲话中，习近平总书记指出："生态环境问题归根结底是发展方式和生活方式问题""让大家充分认识到推动形成绿色发展方式和生活方式的长期性、复杂性、艰巨性，在思想上高度重视起来，扎扎实实把生态文明建设抓好。"[1]进一步强调了形成绿色发展方式和生活方式是解决生态环境问题的根本之所在，并强调了形成绿色生活方式的长期性、复杂性、艰巨性。

《中共中央 国务院关于加快推进生态文明建设的意见》中第八部分三十条指出："培育绿色生活方式。倡导勤俭节约的消费观。广泛开展绿色生活行动，推动全民在衣、食、住、行、游等方面加快向勤俭节约、绿色低碳、文明健康的方式转变，坚决抵制和反对各种形式的奢侈浪费、不合理消费。积极引导消费者购买节能与新能源汽车、高能效家电、节水型器具等节能环保低碳产品，减少一次性用品的使用，限制过度包装。大力推广绿色低碳出行，倡导绿色生活和休闲模式，严格限制发展高耗能、高耗水服务业。在餐饮企业、单位食堂、家庭全方位开展反食品浪费行动。党政机关、国有企业要带头厉行勤俭节约。"《生态文明体制改革总体方案》中第十部分关于生态文明体制改革的保障第 55 条关于加强舆论引导指出："面向国内外，加大生态文明建设和体制改革宣传力度，统筹安排、正确解读生态文明各项制度的内涵和改革方向，培育普及生态文化，提高生态文明意识，倡导绿色生活方式，形成崇尚生态文明、推进生态文明建设和体制改革的良好氛围。"

2015 年环保部发布了《关于加快推动生活方式绿色化的实施意见》（以下简称为意见）。生活方式绿色化要通过加强宣传教育，增强生态文明意识，广泛开展绿色生活行动，推动全民在衣、食、住、行、游等方面加快向勤俭节约、绿

---

① 习近平关于社会主义生态文明建设论述摘编 [M]. 北京：中央文献出版社，2017：4.

色低碳、文明健康的方式转变。同时，积极倡导公民养成勤俭节约的消费观，积极引导消费者购买节能环保低碳产品，倡导绿色生活和休闲模式，严格限制发展高耗能服务业，坚决抵制和反对各种形式的奢侈浪费、不合理消费。该《意见》提出到 2020 年，生态文明价值理念在全社会得到推行，全民生活方式绿色化的理念明显加强，生活方式绿色化的政策法规体系初步建立，公众践行绿色生活的内在动力不断增强，社会绿色产品服务快捷便利，公众绿色生活方式的习惯基本养成，最终全社会实现生活方式和消费模式向勤俭节约、绿色低碳、文明健康的方向转变，形成人人、事事、时时崇尚生态文明的社会新风尚。

四、绿色治理的协同机制

习近平总书记在十九大报告中指出，要在推进国家治理体系和治理能力现代化进程中，加快生态文明体制改革，构建以"党委领导、政府主导、企业主体、公众参与"为基本格局的环境治理体系[①]。绿色治理成了习近平生态文明思想的重要内容，也是生态文明思想实现的主要方式。绿色治理的协同机制主要体现为三个层面：治理理念、治理能力和治理体系。现代国家生态治理是国家治理体系和治理能力现代化在生态文明建设领域的具体体现，既包括以体制机制、法律法规安排等国家制度建设的国家生态治理体系现代化，也包括党、政府、市场、社会等为主体的国家生态治理能力现代化，两者是一个有机整体，相辅相成，国家生态治理体系是提升国家生态治理能力的基础，唯有国家生态治理能力的现代化方能充分发挥国家生态治理体系的治理效能。

（一）治理理念

党的十八大以来，以习近平同志为核心的党中央领导全党全国人民全面推进生态文明建设，生态环境保护发生了历史性、转折性、全局性变化，推动生态文明建设的理论创新、实践创新和制度创新，开创了社会主义生态文明建设的新时代，形成了习近平生态文明思想[①]，为生态环境治理理念的现代化提供了思想引领。

第一，全面系统的治理理念。生态文明思想基本观点就是将生态文明建设作为统筹推进"五位一体"总体布局和协调推进"四个全面"战略布局的重要内容。党的十九大以来，"生态文明建设""绿色发展""美丽中国"写进党章和宪法，成为党的意志、国家的意志和全民的共同行动。生态文明是一项综合性复杂性的

---

①习近平．推动我国生态文明建设迈上新台阶 [J]．求是，2019(03)：4-19.

系统工程，以往单一化、碎片化、表面化、短期化的环境治理方案并不能够适合于当下中国治理实践，唯有能够在经济、政治、文化、社会文明建设的各方面和全过程融入生态文明的理念，才能够实现发展理念、发展目标、发展模式的生态化转型，实现作为社会有机体整体的生态化发展。在"四个全面"战略布局中推动生态文明建设就是要将绿色发展作为全面小康建设的目标指引、将生态文明体制改革作为全面深化改革的重要议题、将生态法治建设作为全面依法治国的重点工作、将保障生态文明作为全面从严治党的中心任务，目的在于能够有效整合新时代生态文明建设的各种资源和力量、构建完备的制度体系和达成广泛的社会共识，形成生态文明建设的协同效应。

第二，中国特色的治理理念。习近平总书记指出，生态文明建设要"坚持党委领导、政府主导、企业主体、公众参与"的中国特色社会主义生态环境治理体系。^①"党委领导、政府主导、企业主体、公众参与"是新时代现代国家生态治理的基本格局，这是党和国家在充分发挥社会主义制度的优越性和政治优势的基础上，积极借鉴国外先进经验和做法，超越了西方国家立基于"国家—市场／社会"二元对立基础上的公共治理理念，在国家治理、市场治理和社会治理之外创设了新的治理维度，即执政党的治理，使国家、市场和社会治理在党的领导下实现了有机整合，党成为现代国家生态治理的领导核心。政府、市场和社会是新时代国家生态治理的三维参与主体，其中，政府居于生态治理的中心地位。市场和社会是国家生态治理的关键参与者，治理主体分工各异、各有所长但绝非简单平等的关系，需因时因地而异，这样也确保了国家生态治理能够实现普遍性和多样性的统一、确保了顶层设计和基层创新的兼顾，做到了社会主义制度优势和治理效能的协同。"党委领导、政府主导、企业主体、公众参与"的现代国家生态治理的基本格局成了新时代生态文明建设所孕育出的创造性成果。

第三，最严法治的治理理念。习近平总书记指出，"只有实行最严格的制度、最严密的法治，才能为生态文明建设提供可靠保障"^②。现代国家治理就其本质而言是依靠制度的治理，法治体系是国家治理的主要平台，坚持最严法治的治理理念既是生态文明融入政治文明建设的基本要求，也是全面依法治国在生态治理领域的具体体现。没有体系健全、运行有序的法治体系就不可能有良好生态文明

---

① 习近平.推动我国生态文明建设迈上新台阶[J].求是，2019(03)：4–19.
② 同上.

建设局面的出现。生态法治就是生态文明建设制度化和规范化的过程，在全面推进依法治国的进程中以中国特色社会主义法治道路支撑和保障新时代生态文明建设。"最严"生态法治观作为习近平生态文明思想的重要组成部分，彰显了党在现代国家治理中的政治智慧和坚定决心，生态法治体系建设提供了科学的理论指导和行动指南，对新时代生态文明制度有着重大而深远的政治意义、历史意义、理论意义、实践意义。

第四，人民中心的治理理念。习近平总书记指出，"生态文明是人民群众共同参与共同建设共同享有的事业，每个人都是生态环境的保护者、建设者、受益者"①。共同参与共同建设突出的是人民在国家生态治理中的共治主体地位，共同享有则凸显的是人民在生态文明建设成果分配中的中心地位。共同参与共同建设是现代国家生态治理的重要特征之一，人民群众或者是以个体的形式或者是以组织的形式"有序地"参与生态治理能实现公共生态决策民主性和科学性的有机统一。人民中心的治理理念还体现为生态治理的成果由人民共享，坚持良好生态环境是最普惠的民生福祉，通过全面推进现代国家生态治理，提供更为优质更为公平的公共生态产品，增强民众的生态获得感。

（二）治理能力

现代国家治理能力是指政党、政府、市场、社会等不同治理主体的生态治理能力，主要包括执政党的生态治理战略顶层设计能力、政府生态治理制度创设和实施能力、市场绿色创新和绿色生产能力以及社会的生态治理参与决策能力。

第一，执政党的生态治理战略顶层设计能力。习近平总书记指出，打好污染防治攻坚战时间紧、任务重、难度大，是一场大仗、硬仗、苦仗，必须加强党的领导。②"党委领导、政府主导、企业主体、公众参与"为基本格局的现代国家生态治理体系首先凸显的就是党在生态治理中的首出地位。党作为生态治理的一元主体有别于西方国家的环境治理体制，目的在于"坚持党总揽全局、协调各方的领导核心作用"，承担了战略设计、关键性制度设计、远景规划、主体间关系地位的确立与协调沟通等元治理者的职责。③党的十七大正式提出生态文明理念，

①习近平.推动我国生态文明建设迈上新台阶[J].求是，2019(03)：4-19.

②同上.

③郭永园，彭福扬.元治理：现代国家治理体系的理论参照[J].湖南大学学报（社会科学版），2015，29(02)：105-109.

党的十八大将生态文明纳入到经济、政治、文化、社会、生态"五位一体"的社会主义建设总布局中，党的十九大将生态文明提升为事关"中华民族永续发展的千年大计"、将"美丽"纳入国家现代化目标之中、将提供更多"优质生态产品"纳入民生范畴。生态文明在社会主义建设地位的不断跃升体现了党对生态文明建设战略设计不断完善，并通过党的领导方式将全党的意志转变为国家意志，最终成为全民自觉行动，天蓝水清地净的美丽中国梦正逐步实现。作为中国特色社会主义领导核心的中国共产党提出治国理政的关键性制度设计是我国政治文明建设一条基本经验和原则，现代国家生态治理也不外如此。党的十八大以来，由习近平总书记担任组长的中央全面深化改革领导小组公分布了有关生态治理的党内法规或政策性文件至少 20 件，主要包括《生态文明体制改革总体方案》《党政领导干部生态环境损害责任追究办法》《环境保护督察方案》《生态环境损害赔偿制度改革试点方案》《控制污染物排放许可制实施方案》《关于设立统一规范的国家生态文明试验区的意见》《关于省以下环保机构监测监察执法垂直管理制度改革试点工作的指导意见》《生态文明建设目标评价考核办法》《关于全面推行河长制的意见》《关于划定并严守生态保护红线的若干意见》《关于建立资源环境承载能力监测预警长效机制的若干意见》《建立国家公园体制总体方案》《关于健全生态保护补偿机制的意见》《环境保护督察方案（试行）》《开展领导干部自然资源资产离任审计试点方案》《党政领导干部生态环境损害责任追究办法（试行）》《生态环境损害赔偿制度改革试点方案》等。这些关键性制度架起了现代国家生态治理所需的生态法治体系的"四梁八柱"，对重点领域、突出问题进行了及时有效的回应，确保了新时代生态文明建设的顺利推进。

第二，政府生态治理制度创设和实施能力。现代国家生态治理中的政府是广义上的政府，既包括立法机关，也包括行政机关和司法机关。因此，政府生态治理能力分为立法机关和有立法权的行政机关的制度创设能力、行政机关和司法机关的制度实施能力。执政党主要负责宏观性、战略性的生态治理制度设计，具体的、可操作性的制度设计则主要由立法机关和有立法权的行政机关完成。目前我国生态环境保护方面的法律有 30 多部，行政法规有 90 多部，部门规章、地方性法规和地方政府规章上千件，基本涵盖了生态文明建设的主要领域。党的十八大以来，生态治理法律制度得到了充足的发展，生态文明作为"五位一体"总布局的组成部分写入了宪法，通过了被称作是"史上最严"的《环境保护法》，生态文明建设目标评价考核、自然资源资产离任审计、生态环境损害责任追究等制度出台实施，主体功能区制度、生态环境监测数据质量管理、排污许可、河（湖）长制、禁止洋垃圾入境等环境治理制度不断建立健全。但客观而言，目前我国的生态治理制度创设方面还存在着部门立法为主、公众参与度低、专家专业化程度低等不足，在一定程度上影响了生态治理制度的执行度，未来应制定明确的法律，一方面破除部门立法带来的各种局限性；另一方面也通过明确的法律规定保障不同生态治理主体的参与决策权，增加专家或者是提高立法部门工作人员的专业知识水平。习近平总书记指出，法律的生命力在于实施，如果有了法律而不实施，或者实施不力，搞得有法不依、执法不严、违法不究，那制定再多法律也无济于事。①生态治理制度的实施包括生态执法和生态司法两个方面，其中，生态执法是生态治理制度实施的主要环节，生态司法是确保生态正义的最后一道防线。党的十八大以来，我国生态执法和生态司法均有了较大幅度的提升，综合生态执法体系初步建立，生态执法的力度不断加大、手段日趋丰富、效能稳步提升；适合中国国情的生态司法体制基本建立，生态司法专业化正在稳步推进。但生态执法和司法机关人员配置和责任承担不匹配、工作人员的专业化水平较低、职务晋升激励机制不足、生态执法和生态司法尤其是与刑事法律衔接不足等问题依然存在，影响着现代国家生态治理效能的充分发挥。在《生态文明体制改革总体方案》等顶层设计制度安排中已经对相关问题进行了原则性规定，未来政府生态治理能力的提升需要通过立法和行政体制改革将顶层设计具体化，最大限度地降低政策性内耗，实现政府部门权责合理划分以及部门权力、责任与能力的匹配。

第三，市场的绿色创新及绿色生产能力。企业是社会物质财富的主要生产者，是生态环境治理、绿色发展的主要承载者。企业在现代国家治理能力中主要承担着绿色科技创新和绿色生产两个方面的任务。习近平总书记在十九大报告中指出，新时代推进绿色发展，需"构建市场导向的绿色技术创新体系"②。技术创新是经济发展的动力和源泉，是实现经济高速发展的助推器。但是传统的技术创新是以实现经济增长为目标的技术革新。在资本追求利益最大化的本性的驱使下，这种单向度的技术创新在为经济增长做出贡献的同时由于无视环境保护导致了极为严重的生态危机，严重制约了经济社会的可持续发展和人的自由全面发展。

①中央文献研究室.习近平关于全面依法治国论述摘编[M].北京：中央文献出版社.2015：57.

②习近平.决胜全面建成小康社会 夺取新时代中国特色社会主义伟大胜利[R].北京：人民出版社，2017.

绿色技术创新是以生态文明理念为指导，通过开发生态化技术，研发生态化产品，实现生态化营销和生态化消费，在推动发展方式转变和经济结构调整、解决污染治理难题方面承担着重要作用。党的十八大以来，绿色技术创新迎来良好的发展机遇，取得了飞速的发展。2014 年《科技部、工业和信息化部关于印发 2014—2015 年节能减排科技专项行动方案》中明确提出了六大领域的生态化技术创新任务，通过国家政策引领全社会的生态化技术创新，助力国家的经济发展转型和生态文明建设。《关于加快推进生态文明建设的意见》也指出"加快技术创新和结构调整""加快推动生产方式绿色化"。但是目前企业的绿色技术创新还存在着创新风险大、正向激励机制匮乏、政府支持有限、中小企业参与度低等问题。2018 年全国生态环境保护大会后，党和国家正通过建立健全环境产权制度、积极推动重要资源性产品的价格机制、完善财税政策支撑等方式来保障、提高企业的绿色技术创新能力。习近平总书记指出，生态环境保护的成败，归根结底取决于经济结构和经济发展方式，而其中重点就是要加快构建绿色生产体系。①绿色生产就是指企业进行节能减排，在生产、流通、消费各环节大力发展循环经济，实现各类资源节约高效利用，大幅降低能源、水、土地消耗强度。党的十八大以来，《国民经济和社会发展第十三个五年规划纲要》和《中国制造 2025》等顶层设计中对发展循环经济做出了制度安排，相关部门出台了《工业绿色发展规划（2016—2020 年）》。中央和地方各级政府通过完善制度体系、加大政策扶持、丰富市场机制、推动技术转化、建设示范基地等环节大力推动循环经济新发展，循环经济发展取得了辉煌成就。新阶段正在通过多种渠道多种方式推进产业循环式组合，促进生产和生活系统的循环链接，构建覆盖全社会的资源循环利用体系。

第四，社会主体的公共生态治理参与能力。社会主体是现代国家生态治理不可或缺的治理主体，能够实行对政府和企业行为的有效监督，有助于提高公共决策的科学性。党的十八大以来，党和政府通过建章立制，尤其《环境保护法》和《环境保护公众参与办法》，对环境保护公众参与做出专门规定，以保障知情权、参与权、监督权实现为抓手，鼓励群众用法律的武器保护生态环境，畅通生态公共参与通道，规范引导公众依法、有序、理性参与。党的十八大以来，公众生态参与还集中体现在环境公益诉讼中。2012 年修订的《民事诉讼法》赋予了环保组织公益诉讼的主体资格。《最高人民法院关于审理环境民事公益诉讼案件适用

---

① 习近平. 推动我国生态文明建设迈上新台阶 [J]. 求是，2019(03)：4-19.

法律若干问题的解释》《关于审理环境侵权责任纠纷案件适用法律若干问题的解释》以及《人民法院审理人民检察院提起公益诉讼案件试点工作实施办法》等司法解释和规范性文件，与民政部、环境保护部联合发布《关于贯彻实施环境民事公益诉讼制度的通知》，将环保组织的公益诉讼主体资格予以较为全面的规定，环境公益诉讼审判工作有序开展，稳步推进，有效地督促和加强环境行政执法，追究环境污染者和生态破坏者的法律责任，引导公众采取法治化的途径有序参与生态治理。就目前而言，社会主体的公众生态治理能力方面存在着相关法律规定操作性较差、环保组织设立和发展的政策、资金扶持不够、对公众环境信息公开有限、环保组织规模整体偏小且专业化程度低。《中共中央　国务院关于加快推进生态文明建设的意见》专章指出要"鼓励公众积极参与"，提出将从完善公众参与制度、健全环境信息公开制度保障公众知情权、健全举报、听证、舆论和公众监督等制度、构建全民参与的社会行动体系等方面引导生态文明建设领域各类社会组织健康有序发展，发挥民间组织和志愿者在生态治理中的积极作用。

（三）治理体系

国家生态治理体系是提升国家生态治理能力的基础和前提，是新时代推进生态文明建设、实现美丽中国目标的重要抓手，对其进行改革完善具有重要的理论与现实意义。《中共中央　国务院关于全面加强生态环境保护坚决打好污染防治攻坚战的意见》中将国家生态治理体系明确为"生态环境监管体系、生态环境保护经济政策体系、生态环境保护法治体系、生态环境保护能力保障体系和生态环境保护社会行动体系等五个方面"①。

第一，生态环境监管体系。"政府主导"的现代国家生态治理体系决定了环境保护是生态文明建设的主阵地，强化和创新生态环境监管执法是国家生态治理的首要议题。建立生态环境综合执法机制是生态环境监管体系建设第一要务。新时代生态文明建设在统筹推进"五位一体"总体布局和协调推进"四个全面"战略布局中实现，加之生态环境系统本身所具有的系统性、整体性的特点，建立权责统一、权威高效的依法行政体制成为时代发展的必需。原有的生态环境执法机制在横向上按照不同的生态要素进行分割管理，具有生态环境监管权的部门包括环境、水利、国土、大气、农业、林业、海洋等部分，管理职能重叠，时有"九龙治水"的乱象出现，治理合力尚未形成。在纵向上，生态环境监管

---

① 郭永园.习近平生态文明思想中的现代国家生态治理观[J].湖湘论坛，2019，32(04)：23-31.

权又分为中央和地方，不同生态要素管理部门作为同级政府的组成部门在环境执法上会受到"地方保护主义"的影响。党的十八大以来，尤其党的十九大后开启的机构改革，以增强执法的统一性、权威性和有效性为重点，整合环境保护和国土、农业、水利、海洋等部门相关污染防治和生态保护执法职责，依法统一行使污染防治、生态保护、核与辐射安全的行政处罚权，以及与行政处罚相关的行政检查、行政强制权等执法职能，推动建立生态环境保护综合执法队伍，职责明确、边界清晰、行为规范、保障有力、运转高效、充满活力的生态环境保护综合行政执法体制正日渐完善。生态环境监测体系完善与优化是生态环境监管体系建设的基础性工作，是现代国家生态治理的技术信息保障，党的十八以来一系列的生态文明制度创新，如公众环境参与、产权制度、领导干部审计制度、生态环境损害责任终身追究制度等都需要以现代科学的生态环境检测体系为支撑。党的十八大以来，生态环境监管部门以建立独立权威高效的生态环境监测体系为核心，通过技术创新和体制机制改革，逐步构建天地一体化的生态环境监测网络，完善和优化了原有的生态环境检测网络布局。建立健全生态环境质量管理体系事关生态环境监管体系有序运行和完整度。习近平总书记指出，在环境质量底线方面，将生态环境质量只能更好、不能变坏作为底线，并在此基础上不断改善。[1]生态环境治理管理体系是生态环境管理机关按照国家环境标准对各区域、各生产主体进行全程动态的评定。生态环境质量管理作为一项行政管理行为，地方政府和生产企业是其最为主要的行政相对人，而通过对地方政府的环境质量管理又能够影响到对企业的生产行为。党的十八大以来，一方面通过环保督查、专项约谈等制度强化生态环境质量管理，对生态环境质量不达标地区的市、县级政府严肃问责、限期整改；另一方面加快推行排污许可制度、健全环保信用评价、信息强制性披露、严惩重罚等制度，对生产企业的生产经营行为进行有效监管，实现生态环境质量的末端治理。

第二，生态环境保护经济政策体系。"两山论"阐述了经济发展和生态环境保护的关系，揭示了保护生态环境就是保护生产力、改善生态环境就是发展生产力的道理，指明了实现发展和保护协同共生的新路径。[2]物质文明是基础，生态文明建设的根本所在是经济发展方式的转变，因此生态环境经济政策体系成了现

---

①习近平．推动我国生态文明建设迈上新台阶 [J]．求是，2019(03)：4-19．
②在习近平生态文明思想指引下迈入新时代生态文明建设新境界 [J]．求是，2019(03)：20-29．

代国家生态治理体系的重中之重，是生态治理体系基础性、根本性的治理体系。其一，建立健全公共财政生态治理投入政策。现代国家生态治理的目标就是要确保提供能够满足人民群众美好生活的生态公共产品，因此生态治理需要国家的公共财政进行有力的支撑，提高绿色公共财政支出的数量和比重，尤其要把解决突出生态环境问题作为公共财政支出优先领域，如公共财政应向污染防治攻坚战倾斜、增加对国家重点生态功能区、生态保护红线区域地区的投入，坚持公共财政投入同生态治理相匹配，加大财政投入力度确保提供更多优质生态产品。其二，建立健全生态补偿政策。生态补偿是对无法或难以纳入市场的生态系统的服务功能进行经济补偿的制度措施，主要方式是通过对生态系统的服务功能进行核算并通过受益者付费或公共财政补贴方式进行补偿，或者是对保护生态系统而在经济上受损者给予财政补贴[①]。党的十八大以来，生态保护补偿制度建设框架基本建立，生态效益补偿标准进一步提高，跨区域生态补偿方案基本成熟。其三，建立健全绿色产业政策。新时代生态文明建设要以产业生态化和生态产业化为主体的生态经济体系。这就要求在经济发展中要出台价格、财税、投资等产业政策引领和扶持绿色产业的发展，以及传统产业的绿色转型升级，树立绿色产业优先发展的理念，积极培育生态环保产业作为新的经济增长点；其次，要通过大力发展绿色信贷、绿色债券等金融产品建立现代绿色金融体系，运用金融杠杆的方式实现高污染高耗能等非绿色产业的自动退场，全力支持绿色产业发展。

第三，生态环境保护法治体系。"用最严格制度最严密法治保护生态环境"是生态文明思想的核心内容和一项基本原则，实现了新时代生态文明建设与全面推进依法治国的有机结合，是现代国家生态治理体系的制度保障。法治体系建设首先是生态法制体系建设。现代国家生态治理的前提是公平、明确和可实施的法律。党的十八大以来，国家层面先后修订了《环境保护法》等8部法律、9部环保行政法规，并发布了20余件党内环保法规，土壤、湿地、国家公园、长江流域开发与保护等方面法律法规正加快制定，作为一个独立法律部门的生态法制正在形成。法治体系建设的中心环节是综合生态执法体系，事关生态法治的理念能否落地见效。如果没有系统完备全面的法律执行机制，再多再好的法律文本也只会停留在纸面，束之高阁。党的十八大以来，生态执法力度不断加大、手段日趋丰富、效能稳步提升，尤其《生态环境保护综合行政执法改革方案》，有效整合

---

①郭永园.协同发展视域下的中国生态文明建设研究 [M].北京：中国社会科学出版社，2016：130.

生态环境保护领域执法职责和队伍，科学合规设置执法机构，强化生态环境保护综合执法体系和能力建设，初步形成了与生态环境保护事业相适应的行政执法职能体系。生态文明建设需要司法守护，美丽中国建设司法必须在场。生态司法是国家生态法制得以实施的有力保障，是守卫民众生态权益的最后一道防线。党的十八大以来，法、检系统以习近平生态文明思想为指引，通过制度创新和机构整合，以环境司法审判机构和环境公益诉讼为两大抓手，坚持保护发展与治理环境并重、打击犯罪与保护生态并行、防治污染与修复生态并举，为美丽中国建设筑牢了司法屏障。

第四，生态环境保护能力保障体系。现代国家生态治理是一项复杂的系统性工程，要在统筹推进"五位一体"总体布局和协调推进"四个全面"战略布局中展开，因此建立健全包括科技、物质、人才等方面的保障体系。其一，建立健全生态治理科技支撑体系。现代国家生态治理水平的提升离不开科技的支撑，科技创新驱动是打好污染防治攻坚战、建设生态文明的基本动力。习近平总书记指出，要加强大气重污染成因研究和治理、京津冀环境综合治理重大项目等科技攻关，对臭氧、挥发性有机物以及新的污染物治理开展专项研究和前瞻研究，对涉及经济社会发展的重大生态环境问题开展对策性研究，加快成果转化与应用，为科学决策、环境管理、精准治污、便民服务提供支撑。①2018年中共科学技术部党组印发《关于科技创新支撑生态环境保护和打好污染防治攻坚战的实施意见》，将生态治理的科技支撑体系建设制度化。②其二，建立健全环境应急物资储备体系。环境应急物资是指处理环境应急事故所需要的设备、设施以及其他物资。我国先后出台了《中华人民共和国突发事件应对法》《国家突发环境事件应急预案》《突发环境事件应急管理办法》和《突发环境事件信息报告办法》等法律法规对环境应急物质储备做出了规定。党的十八大以来，生态环境行政管理部门初步构建起来全国性的应急物质网络信息数据库和物资调配机制，在省市两级政府建立物质储备库，并将企业相关的物质纳入到储备系统之中。其三，建设符合时代要求的生态治理人才体系。习近平总书记指出，"要建设一支生态环境保护铁军，政治强、本领高、作风硬、敢担当，特别能吃苦、

---

①习近平.推动我国生态文明建设迈上新台阶[J].求是，2019(03)：4-19.

②科技部.中共科学技术部党组印发《关于科技创新支撑生态环境保护和打好污染防治攻坚战的实施意见》[EB/OL].http://www.most.gov.cn/kjbgz/201810/t20181011_142060.htm，20190501.

特别能战斗、特别能奉献"。^①十八大以来的生态治理实践表明，无论是有关生态文明的顶层设计还是有明确规定的法规制度，能否成落地生根的关键性因素是人，尤其是领导干部这一关键少数。制度无法落地既有人员编制短缺、专业能力不强的问题，也有领导干部失职渎职的原因。新时代国家生态治理在配齐与生态环境保护任务相匹配的工作力量的同时，更要全面提高生态环境工作现代化水平，坚定理想信念和精神追求，严守政治纪律和政治规矩，以党风带行风促政风，打造一支忠诚、干净、担当的环保铁军，为推动生态文明建设和环境保护提供不竭动力。

第五，生态环境保护社会行动体系。习近平总书记指出，新时代生态文明建设要"动员各方力量，群策群力，群防群治，一个战役一个战役打，打一场污染防治攻坚的人民战争"^②。社会主体是现代国家生态治理的主体之一，通过构建多元化的参与平台和机制能够有效地保障和实现社会组织和民众的生态治理参与权和监督权，促进全社会生态治理共识的达成，推动以生态价值观念为准则的生态文化体系建立。社会行动体系要以生态文明教育体系建立为基础。生态文明教育作为培育和宣传社会主义生态文明观的主阵地，担负着培养具有生态文明理念和素质的社会主义事业接班人的历史重任，要"把珍惜生态、保护资源、爱护环境等内容纳入国民教育和培训体系，纳入群众性精神文明创建活动"，充分发挥教育的基础性、先导性和全局性作用，构建以学校教育为基础、覆盖全社会的生态文明教育体系，提升民众的生态文明素养，为生态文明建设提供全方位的人才、智力和精神文化支撑。社会行动体系的实现较大程度上取决于环境信息公开制度成熟与否。环境信息公开目的在于通过维护公民、法人和其他组织获取环境信息的权益，进而实现在现代国家生态治理中实现有序、有效地参与。为了推进和规范环境保护行政主管部门以及企业公开环境信息，我国先后出台了《中华人民共和国政府信息公开条例》《环境信息公开办法（试行）》。2015年通过的《环境保护法》设专章规定了环境信息公开制度，明确公众的知情权、参与权和监督权的同时，也明确重点排污单位应当主动公开环境信息。社会行动体系的构成单元是环保社会组织，环保组织为代表的社会力量是生态文明建设的重要主体和生力军，是现代国家生态治理主体之一。社会组织是政府与公众沟通的桥梁，社会

———————————

① 习近平. 推动我国生态文明建设迈上新台阶 [J]. 求是，2019(03)：4-19.
② 同上.

组织是社会的中间层，既能够实现个体生态权益诉求的组织化表达，为其提供群体性的支持，也能够有效地进行与生态治理其他相关主体进行交流沟通，是政府与公众之间沟通的重要桥梁和社会矛盾的缓冲地带。其次，环保组织具有专业化的优势，有助于提高公共决策的科学性。最后，环保组织能够对政府和企业的行为展开独立的监督。党的十八以来，尤其 2012 年修订的《民事诉讼法》《最高人民法院关于审理环境民事公益诉讼案件适用法律若干问题的解释》明确了环保组织可以按规定提起环境公益诉讼，环保社会组织正在规范健康快速地发展。

现代国家生态治理体系主要是由生态环境监管、经济政策、法治体系、能力保障以及社会行动等五个子系统构成，子系统之间既相互独立，又相互支撑，协同发力，构成了完整严密的新时代中国特色社会主义的生态治理体系。

后 记

当我在键盘上敲下"后记"这两个字的时候，意味着博士学习阶段即将画上句号。我本以为走到这步应该是轻松、愉快的，但当它真正到来的时候却又是五味杂陈、难以言表。梅花一时艳，竹叶千年色。我想唯一的办法就是用朴素的语言来素描一下四年的心路历程。

2018年承蒙恩师刘光斌教授不弃，有幸成为导师的开门弟子，实为人生之莫大幸事。恩师作为国内中生代学者的思想健将，是当代西方马克思主义研究领域的开拓者、研究范式的革新者、新学后进的培育者。恩师以法兰克福学派为研究对象，自成一派，独树一帜，在与法兰克福流派的"对话"中实现马克思主义政治哲学的"上下相续""左右逢源"。恩师扎实的学术功底、开阔的学术视野、严谨的学术态度为我指明了为学之路。他给予我极大的鼓励、莫大的信任，使我能够在自己感兴趣的领域中"自由发挥"；更以睿智的学术智慧，引领我跨越学术研究的"卡夫丁峡谷"，实现了自身学术能力的"涅槃重生"。感谢恩师，给予我求学问道的机会！四年中，我不止一次设想自己在这段求学岁月中"佳作迭出"，奈何自己功底薄弱，学识尚浅，能力不足，心底对恩师是内疚和惭愧。

独在异乡，很多时候在求学中不免心灰意冷、迷茫困惑，感谢湖南大学马克思主义学院龙佳解教授、彭福扬教授、唐亚阳教授、黄梓根书记、刘红玉教授、吴增礼教授、曲达老师、刘玉芬老师等各位师长对我求学之路的启悟与帮扶。感谢同门罗婷、覃照茵等和同窗曹丹丹博士给予我精神上的慰藉、求学上的激励，也感谢"同处四载"的女博士、女硕士们生活上对我的鞭策和砥砺，使我的生活经验得以丰富。感谢我原工作单位山西财经大学的副校长米子川教授，统计学院郭惠英教授、陈治教授、薄凌览书记、赵佳丽教授等曾一起共事的领导、同事的鼓励与支持！

感谢我的父母，教导我善良、勤奋、立足长远的生活态度；生活维艰，半丝半缕之不易，他们坚定地供我读书，使我的人生道路变得开阔、明朗。感谢我的公公和婆婆，我在异地求学之时，他们一直守候、呵护在我的女儿身边。感谢我的爸爸妈妈们！

感谢我的先生，他和我同年同月同日生，我们相遇相识于硕士求学，相知相守于婚姻，又相继在岳麓山下湖南大学马克思主义学院"求取真经"。一路走来，我的先生一直陪伴着我继续前进。从2011年的雪域高原到2014年的星辰大海，从2018年考博之路的"颠簸前行"到2022年的"拨穗正冠"。一路上有你，感谢有你！

感谢我的祖辈戴万科先生、张长新叔、冯克明舅、冯丽姨、彭霞姨和彭志舅等亲人朋友们，给我的适时指引、点拨，使我的人生道路温暖而顺利。

一晃四年，我的女儿已经从牙牙学语的小胖墩儿，成长为聪明伶俐、能言善辩、活泼可爱的小姑娘。唯盼我的女儿能够在新时代，与爸爸、妈妈和亲人、友人相互勉励，成长为拥有"中国梦"、并且勇敢追求的人。

行文至此，笔短情长，难免词不达意，挂一漏万。在这匆匆四年中，如若有跬步之行，当属恩师、亲友们的守望、提携。生有涯而知无涯，我定当积跬步之功，致千里之行。

特别要把拙著献给我已仙逝数载的祖辈姥爷彭崇玉先生、姥姥王月珍女士，作为纪念和缅怀。

2022年3月9日于并州臻观苑